未来服务

生活服务业的

科 技 化 变 革

FUTURE SERVICE

Scientific and Technological Changes
in the Life Service Industry

姚信威　原卫东　张行　/主编

浙江科学技术出版社

图书在版编目（CIP）数据

未来服务：生活服务业的科技化变革 / 姚信威，原卫东，

张行主编. — 杭州：浙江科学技术出版社，2021.1

ISBN 978－7－5341－9400－9

Ⅰ.①未…　Ⅱ.①姚…②原…③张…　Ⅲ.①高技术

－普及读物　Ⅳ.①N49

中国版本图书馆CIP数据核字（2020）第241852号

书　　名	未来服务——生活服务业的科技化变革
主　　编	姚信威　原卫东　张　行

出版发行　浙江科学技术出版社

　　　　　　杭州市体育场路347号　邮政编码：310006

　　　　　　办公室电话：0571-85176593

　　　　　　销售部电话：0571-85062597

　　　　　　网址：www.zkpress.com

　　　　　　E－mail：zkpress@zkpress.com

排　　版　杭州万方图书有限公司

印　　刷　浙江海虹彩色印务有限公司

开　本 710×1000　1/16		**印　张** 15.25	
字　数 200 000			
版　次 2021年1月第1版		**印　次** 2021年1月第1次印刷	
书　号 ISBN 978-7-5341-9400-9		**定　价** 68.00元	

（图书出现倒装、缺页等印装质量问题，本社销售部负责调换）

责任编辑　卢晓梅		**责任校对**　张　宁	
责任美编　金　晖		**责任印务**　叶文炀	

前　言

在科技进步和经济全球化的驱动下，服务业的内涵逐渐丰富，业态更加多样，模式不断创新，在产业升级中的作用更加突出，已经成为支撑经济发展的主要动能、价值创造的重要源泉和国际竞争的主要战场。其中生活服务业是保障和改善民生的重要行业，对稳增长、调结构、促就业等具有重要意义。

《中共中央关于制定国民经济和社会发展第十四个五年规划和二〇三五年远景目标的建议》中指出："加快发展现代服务业……推动生活性服务业向高品质和多样化升级，加快发展健康、养老、育幼、文化、旅游、体育、家政、物业等服务业，加强公益性、基础性服务业供给。推进服务业标准化、品牌化建设。"目前，我国生活服务业仍面临着许多困难，例如供给不平衡不充分、市场准入难、重视程度不够、规范管理缺乏、质量参差不齐等。此外，新一代人工智能、物联网、云计算、大数据、5G等信息技术的快速突破和广泛应用，对于促进服务业的发展具有重大意义。

面对当下不足与机遇共存的现状，我们更要提高对生活服务业的重视程度，积极合理利用新一代信息技术推动生活服务业的高质量发展。同时，要加快制定生活服务业相关的标准体系和行业规范，加强社会公众对于该行业的质量监管，进一步推动我国生活服务业形成企业规范、行业自律、政府监管、行业监督的运行格局。在生活服务业的科技化探索之路上，不同企业可以共同探索各具特点的科技化转型之路，共同探索生活服务业科技化更好更快发展的路径和方向。

　　本书以"生活服务业的科技化变革"为中心，在分析生活服务业发展现状的基础上，对生活服务业的科技化探索提出了一些想法与建议，既顺应当前生活服务业的发展潮流，有着广泛的应用前景，也非常适合相关领域的政府部门、研究学者和从业人员参考阅读。希望本书能给生活服务业的企业经营者及投资者带来一些启发和思考，也为其他领域人员了解生活服务业带来一点帮助。

　　本书共分为五章。第一章绪论概述了服务业与生活服务业，提出了生活服务业科技化的要求；第二章介绍了生活服务业科技化的路径；第三章基于各种技术手段，对生活服业的科技化做具体应用指南，描绘信息技术与生活服务业具体场景结合的构想；第四章介绍了当前生活服务业的科技化支撑体系；第五章以绿城服务集团为例，展现了我国物业服务行业的科技化探索和思考，并展望物业服务的科技化未来。

　　限于时间和水平，书中难免存在疏漏和不妥之处，敬请广大读者批评指正。

编　者

2020 年 12 月

目录

第 一 章 　**绪　论**

　　加快服务业创新发展、增强服务经济发展新动能，关系人民福祉增进，是更好满足人民日益增长的需求、深入推进供给侧结构性改革的重要内容；关系经济转型升级，是振兴实体经济、支撑制造强国和农业现代化建设，实现一、二、三次产业在更高层次上协调发展的关键所在；关系国家长远发展，是全面提升综合国力、国际竞争力和可持续发展能力的重要途径。

第一节　服务业概述

　　"十二五"期间，我国服务业增加值和就业规模快速增长，成为国民经济第一大产业。"十三五"是全面建成小康社会的决胜阶段，也是统筹推进"四个全面"战略布局的关键时期。2015—2019年我国服务业在"十二五"的基础上稳步增长，2015年服务业增加值占国内生产总值（GDP）的比重首次突破50%，2019年增加值比重达到了53.9%（图1-1）。服务业的从业人数也从2015年的3.28亿人增加到2019年底的3.67亿人，就业比重从42.4%上升至47.4%（图1-2），未来从事服务业的人数和就业比重预计还将不断上涨。

　　"十四五"时期是我国全面建成小康社会、实现第一个百年奋斗目标之后，乘势而上开启全面建设社会主义现代化国家新征程、向第二个百年奋斗目标进军的第一个五年。在"十四五"时期，我国将立足经济新常态，进一步促进服务业发展规模扩大、比重上升、水平提高，推动各类服务业全面发展，特别是巩固和提升生产性服务业在服务业以及整个经济中的地位，不断增强服务业发展对经济转型、民生改善与大国崛起的带动支撑作用，以"创新、协调、绿色、开放、共享"发展理念为指导，以提升发展规模和效率为核心，加快服务业结构调整升级，形成以知识和技术密集型服

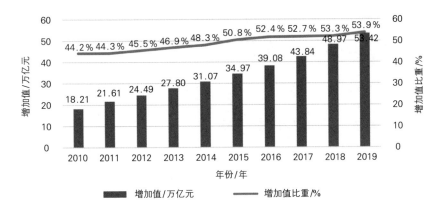

图1-1 2010—2019年我国服务业的增加值[1]

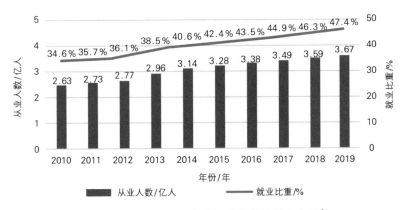

图1-2 2010—2019年我国服务业的从业人数[2]

务业为引领的现代服务业结构；以推进供给侧结构性改革和扩大开放为动力，着力消除制约服务业发展的深层次体制机制障碍，提升供给质量和效率，统筹协调服务业发展与服务贸易发展，建立科学规范、公开透明、运行有效、成熟定型的服务业发展制度体系；以大型城市服务业集聚发展为载体，提升城市服务功能和辐射能力并带动全国服务业发展，实现向服务业

1　资料来源：《中国统计年鉴2020》。

2　资料来源：《中国统计年鉴2020》。

为主导的经济结构转型；以互联网＋实体经济为导向，培育壮大新兴服务行业和业态，形成"市场化、产业化、社会化、国际化"的新格局。

▌ 一 世界服务业发展趋势

世界经济的重心从农业转向制造业经过了几个世纪，而服务业的崛起却在以更快的速度进行着。世界正处于剧烈的转变之中，几乎所有国家的服务业都在急剧增长。二十世纪七八十年代以来，全球经济结构呈现服务业主导的发展趋势，发达国家都经历了迈向服务业为主的经济结构转型和变革。在科技进步和经济全球化驱动下，服务业的内涵更加丰富，分工更加细化，业态更加多样，模式不断创新，在产业升级中的作用更加突出，已经成为支撑经济发展的主要动能、价值创造的重要源泉和国际竞争的主要战场。

服务业在全球经济中正发挥着核心作用，这在很大程度上归功于技术的进步。通信费用的锐减、互联网的普及、宽带互联网服务的扩展使远程服务成为可能。技术使服务的可拆分性越来越高，单个服务活动可以分解为不同的任务，并在不同的地理位置完成，如业务流程外包和网上银行服务等。计算机和信息服务以及金融服务已成为服务贸易出口两大最重要的部门。服务可以通过专业化（更精细的劳动分工）和规模化（单位生产成本下降）来实现生产率的提高，例如使用信息和通信技术服务提高生产效率和降低生产成本。由于各个行业对高效信息技术和创新软件的需求日益增加，计算机服务出口在许多发展中国家迅速扩张。

服务贸易有助于提高生产率和增加就业，尤其是对新兴和发展中的经济体而言。许多新兴市场国家正在寻求以服务出口为导向的增长源。中国虽以货物出口著称，但已成为一个重要的服务出口国。服务贸易也为劳动力再分配和创造就业提供了机遇，并且有助于解决劳动力市场日益严重的两极分化问题。事实证明，通常服务出口增长率较高的国家，其就业增长速度也更快。相比货物贸易，服务贸易抵御各种冲击和金融危机的能力更强，而发展中国家服务出口的抵御风险能力一般比发达经济体更强。

二　我国服务业发展现状和存在问题

我国正处于实现"两个一百年"奋斗目标承上启下的历史阶段和从中等收入国家向中高收入国家迈进的关键时期，"十三五"时期我国经济发展再上新台阶，产业结构持续优化，创新驱动成效显著，科技引领作用更加凸显。而即将迎来的"十四五"时期，我国正处在发展方式转变、经济结构优化、动力转换增长的攻关期。经济发展进入新常态，结构优化、动能转换、方式转变的需求更加迫切，需要以服务业整体提升为重点，构建现代产业新体系，增强服务经济发展新动能，实现经济保持中高速增长、迈向中高端水平。

中华人民共和国成立70年来，我国服务业规模日益壮大，综合实力不断增强，质量效益大幅提升，新产业和新业态层出不穷，逐步成长为国民经济第一大产业，成为中国经济稳定增长的重要基础。

（一）发展现状

1.服务业规模日益壮大，成为我国经济的第一大产业

中华人民共和国成立以来，服务业快速成长。1952—2019年，我国服务业增加值从195亿元扩大到534233亿元，按不变价计算，年均增速达8.4%，比GDP年均增速高出0.8%。

2.服务业综合实力显著增强，对经济发展的影响力日益凸显

我国服务业发展实力日益增强，对国民经济各领域的影响力越来越大，在经济增长、就业、外贸、外资等方面发挥着"稳定器"的作用。

（1）服务业对经济增长的贡献率稳步提升。2019年全国服务业生产指数比上年增长6.9%，服务业增加值占GDP的比重为53.9%，比上年提高0.6个百分点。近年来，我国服务业占GDP的比重快速增长，2013年首度超过工业，成为第一大行业部门和经济增长主动力，意味着经济结构转型发生了变化，反映了经济转型水平。

（2）服务业吸纳就业的能力持续增强。改革开放后，在城镇化建设带动下，大量农业转移人口和新增劳动力进入服务业，服务业就业人数连年增长。1979—2018年，服务业就业人数年均增速5.1%，高出第二产业2.3个百分点。党的十八大以后，服务业就业人数继续保持年均4.4%的增长速度，平均每年增加就业人数1375万人。2019年底，服务业就业人数达到3.67亿人，占就业总人数的比重达到47.4%，成为我国吸纳就业最多的产业。

（3）服务贸易规模不断扩张，吸引外资和对外投资取得新突破。"十三五"以来，我国服务贸易平均增速高于全球，如图1-3所示，根据国

家统计局公布数据，2019年中国服务贸易进出口总额为7434亿美元，较上年下降1.78%；出口总额为2420亿美元，较上年增长4%；进口总额为5014亿美元，较上年下降4.35%。服务业发展潜力不断释放，服务贸易进出口总额自2016年连续3年增长后，2019年稍有回落，为服务出口的快速增长奠定了良好基础。

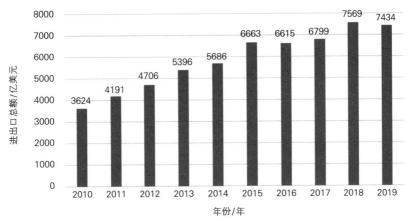

图1-3　2010—2019年我国服务贸易进出口总额[1]

3.服务业新动能加快孕育，新产业新业态亮点纷呈

服务创新持续加快，新兴行业和业态大量涌现。在人工智能、物联网、云计算、大数据、5G等现代信息技术的推动下，我国服务业在技术、管理、商业模式方面的创新层出不穷。越来越多的传统企业开始线上线下互动融合，部分企业甚至转型成为供应链集成服务平台，整合标准化的服务要素和资源，形成了丰富多样的"互联网＋"跨界合作服务模式。

各类即时通信应用成为众多行业和企业广泛使用的新平台，消费者的

1　资料来源：商务部WTO国际贸易统计数据库、央视新闻、国家统计局。

体验感和参与度增强。同时，伴随着产业转型升级和居民消费升级步伐的加快，许多新的服务供给应运而生，推动了网购、快递、节能环保、健康服务等新兴服务细分行业以及地理信息、跨境电商、互联网金融等新兴服务业态的兴起和快速成长。

（1）生产性服务业步入快速成长期，支撑制造业迈向价值链中高端。党的十九大以来，制造业企业为提升核心竞争力，分离和外包非核心业务，对生产性服务业的需求日趋迫切。而新一轮税改及时打通了二、三产业间的税收抵扣链条，有力促进了制造业、服务业的分工细化和融合发展，生产性服务业得以快速成长。生产性服务业的发展壮大，为制造业迈向价值链中高端提供了更多的专业服务支持，有力促进了我国产业由生产制造型向生产服务型加速转变。

（2）互联网行业跃入高速增长期，深刻改变了社会生产生活方式。20世纪90年代我国正式接入国际互联网后，互联网企业如雨后春笋般快速成长。2008年后，随着智能手机以及3G、4G通信网络的推广普及，互联网开始迅速渗透到大众日常生活中，互联网上网人数大幅攀升。党的十九大以来，人工智能、物联网、云计算、大数据、5G等现代信息技术不断发展成熟，互联网与国民经济各行业融合发展态势加速成型，传统产业数字化、智能化水平不断提高，共享经济、数字经济深刻改变了社会生产生活方式，加速重构经济发展模式。

（3）"幸福产业"迈入蓬勃发展期，助推公共服务量质齐升。中华人民共和国成立70年来，教育、卫生、文化、体育、社会服务等公共服务基础设施大幅改善。"数字化文体"促进文体产业活跃发展，数字化技术打造文体产品新业态，网络动漫、短视频、电子竞技等发展迅速。国产动画电影《哪吒之魔童降世》斩获50亿元票房；数字故宫、数字敦煌赢得盛誉，故宫成为抖音2019年度被赞次数最多的博物馆;"数字化＋体育"的代表产物电子竞技在2019年迎来"爆发元年";智慧健康养老产业持续快速增长,据测算,智慧健康养老产业近3年复合增长率超过18%,2019年产业总规模超过3万亿元,2020年以后,基于网络的无形市场规模会逐渐接近传统的有形市场规模,预计智慧养老服务产业在此时进入成熟期。

(二)存在问题及展望

我国服务业一度面临层次较低、功能有限、开放度不高等问题,以新技术赋能服务经济,对促进产业结构升级、推动服务业结构转型、完善服务业功能、转变经济发展方式和提升国际竞争力都具有重要意义,以数字和智能科技为基础的现代服务业将成为我国经济转型发展的强大推动力。如今,服务业发展站在新的历史起点上,服务领域不断拓宽,服务品种日益丰富,新业态、新模式竞相涌现,有力支撑了经济发展、就业扩大和民生改善。

服务业发展仍面临诸多矛盾和问题。我国服务业发展整体水平不高,产业创新能力和竞争力不强,质量和效益偏低。服务供给未能适应需求变化,生产性服务业发展明显滞后,生活性服务业供给不足。服务业增加值比重仍低于世界平均水平,整体上处于国际分工的中低端环节。更为关键的是,服务业发展还面临思想观念转变相对滞后,体制机制束缚较多,统一开放、公平竞争的市场环境尚不完善等障碍。

展望"十四五",服务业将为经济新常态提供新的增长动力和创新要素支撑,进一步增进民生福祉和让人民有更多获得感,同时也迫切需要创新发展思路、明确发展目标,推动服务业在更高平台上实现扩量增质。

　　由国家发改委、市场监管总局联合发布的《新时代服务业高质量发展的指导意见》(以下简称《意见》)提出，到 2025 年，服务业增加值规模不断扩大，占 GDP 比重稳步提升，吸纳就业能力持续加强。《意见》明确了十个方面的重点任务，即推动服务创新、深化产业融合、拓展服务消费、优化空间布局、提升就业能力、建设服务标准、塑造服务品牌、改进公共服务、健全质量监管、扩大对外开放；并提出，加强技术创新和应用，打造一批面向服务领域的关键共性技术平台，推动人工智能、云计算、大数据等新一代信息技术在服务领域深度应用，提升服务业数字化、智能化发展水平，引导传统服务业企业改造升级，增强个性化、多样化、柔性化服务能力；鼓励业态和模式创新，推动智慧物流、服务外包、医养结合、远程医疗、远程教育等新业态加快发展，引导平台经济、共享经济、体验经济等新模式有序发展，鼓励更多社会主体围绕服务业高质量发展开展创新创业创造；推动数据流动和利用监管立法，健全知识产权侵权惩罚性赔偿制度，建设国家知识产权服务业集聚发展区。《意见》对服务业与数字化的结合做出了清晰的路径指向与具体要求。

　　当前，服务业进入全面跃升的重要阶段。全面深化改革、全方位对外开放和全面依法治国正释放服务业发展新动力和新活力。城乡居民收入持续增长和消费升级，为服务业发展提供了巨大需求潜力。新型工业化、信息化、城镇化、农业现代化协同推进，极大地拓展了服务业发展广度和深度。生态、养老等服务业新领域也不断涌现。综合判断，我国服务业发展正处于重要机遇期，应当顺应发展潮流，尊重规律，立足国情，转变观念，重点在深化改革开放、营造良好发展环境上下功夫，激发全社会推动服务业创新发展的动力和活力，引领产业升级，改善民生福祉，增强发展动能，阔步迈向服务经济新时代。

第 二 节　生活服务业概述

本节基于上一节对服务业的概述和总结，重点对生活服务业板块进行详细阐述和研究。通过分析生活服务业的发展背景和现状，对新时代生活服务业的发展前景提出了新的设想和规划。

▍一　生活服务业的服务内容

生活服务是指为满足城乡居民日常生活需求所提供的各类服务活动，包括文化体育服务、教育医疗服务、旅游娱乐服务、餐饮住宿服务、居民日常服务和其他生活服务。物业服务与生活服务业密不可分，故本书将物业服务也作为生活服务业的一部分来研究。

（一）物业服务

物业服务源于生活、贴近群众，直接服务人民的居住环境，与群众生活密不可分。随着经济社会的发展，物业服务的内涵不断拓展，逐渐从生活性需求向舒适性需求转变，并已延伸到家政、养老、健康服务等其他生活服务领域，成为生活服务业不可或缺的组成部分。

目前物业管理市场供给与需求关系表现为总量平衡，结构性失衡，由此导致人民群众不断增长的物业服务需求与优质物业服务供给不足的矛盾长期存在。这一矛盾的长期存在，是物业服务与其他生活服务业融合发展的根本动因。同时，作为劳动密集型行业，近年来相关政策陆续出台，进一步规范物业服务企业经营行为，再加上劳动力成本逐年上升，物业服务企业经营压力增大，成本遭遇巨大挑战。面对人工及物耗等成本逐年上升，而物业费却常年不变的经营压力，物业服务企业或面临入不敷出的境况而弃盘，或一味控制成本、牺牲业主生活环境换取生存空间，因此，物业服务转型升级迫在眉睫。

移动互联网技术逐渐成熟和共享思维普及是物业服务和其他生活服务业融合发展的前提和基础。随着移动互联网技术的发展和运用日益成熟，网络技术和设施设备智能科技水平大幅度提升，物业服务转型升级迎来了契机。移动互联网技术成熟和共享思维普及、竞争合作压力和对范围经济的追求，以及行业集中度进一步提升分别成为物业服务与其他生活服务业融合的内在驱动力、企业发展动力和推动力。深化"放管服"改革，放松管制为产业融合提供了更多外部条件。

党的十九大报告提出要"深入贯彻以人民为中心的发展思想"。物业服务与生活服务业的融合发展契合了人民群众对美好生活的向往，融合的结果将是向居民（业主）提供更好的消费产品及服务，在居民（业主）的服务需求获得满足的同时，企业能获得更好的效益。行业主管部门应充分了解现状，研究问题，为物业服务与生活服务业融合发展勾勒蓝图，并从法律、政策和制度层面引导、支持，从机制体制方面健全、规范，以推动和促进产业融合发展和产业转型升级，不断满足人民群众对美好生活的向往，进一步提高人民群众的获得感、幸福感、安全感。

（二）居民日常服务

居民日常服务主要是指为满足居民个人及其家庭日常生活需求提供的服务，包括市容市政管理、家政、婚庆、养老、殡葬、照料和护理、救助救济、美容美发、按摩、桑拿、氧吧、足疗、沐浴、洗染、摄影扩印等服务，主要以社区服务业为主。

社区服务业是一种以居住社区为载体，以满足居民生活、休憩、学习和发展的多种需求为目的，以便民利民为宗旨的新兴服务业；它是第三产业的重要组成部分，属于最终消费的社会服务业。

社区服务发展前景分析显示，社区服务业是社区建设的重要内容，也是服务业的重要组成部分。社区服务业可以扩大劳动就业，增加地方税收，方便居民生活，促使地区经济结构趋向合理，对经济社会发展起到极大的推动作用。当前，社区服务业的发展空间不断扩展，发展速度不断加快，正面临着前所未有的发展机遇。

首先，居民消费结构变化为社区服务业提供了新的发展动力，将成为面向社区全体成员的便民利民服务。随着经济社会的发展，为了实现日常生活的方便与舒适，人们对社区服务业不断提出新的和更高的要求。社区服务业不仅要满足居民衣、食、住、行等基本需求，还要完善并形成娱（休闲娱乐）、学（学习培训）、康（医疗保健）等新的功能，逐步成为满足居民要求的综合社区结构。随着综合社区建设与经济社会的快速发展，居民消费结构显著变化。消费观念也随之改变，以物质消费为主的传统消费让位于现代综合消费，以家庭为载体的休闲消费、文化消费、娱乐消费将成为生活的主流。

其次，人口老龄化和家庭结构小型化趋势为社区服务业拓展了新的发展空间。当前，我国人口老龄化步伐正在加快，庞大的老年群体不仅需要大规模的经济保障，也需要大量的日常生活照料。

再次，社区消费扩大化趋势为社区服务业带来了新的发展契机。"社区消费扩大化"反映了居民生活对社区的依赖性不断增强。在社区消费扩大化趋势的影响下，新的服务行业和项目在社区逐渐增多，需求层次逐渐提高，社区服务业的能级和水平不断提升。

最后，建设和谐社会向社区服务业提出了新的发展要求。当前，社区服务业发展处在起步阶段，相对还比较落后，存在缺乏统一规划、业态档次普遍较低、服务功能不全等问题，社区服务业难以完全满足居民多样化的需求，导致居民部分需求萎缩，成为影响社区和谐的突出问题之一。

因此，加快社区服务业的发展步伐，变居民潜在需求为显性需求，将极大地改善居民的生活质量，这是建设和谐社会的必然要求。

二 我国生活服务业的发展现状

在习近平新时代中国特色社会主义思想指引下，我国生活服务业发生了深刻的、重大的、历史性的变革：以提质为核心的消费升级快速提升，消费者多样化、多面化、多层次、个性化的需求快速凸显；人工智能、物联网、云计算、大数据、5G等现代信息技术广泛应用；传统流通业转型创新速度加快，新业态、新模式快速涌现；旅游、体育、文化、健康、养老产业、信息等消费快速持续增长；消费品市场持续稳定增长，网上零售额年均增长30%以上。

党的十九大制定了决胜全面建成小康社会，在21世纪中叶建成富强民主文明和谐美丽的社会主义现代化强国的宏伟蓝图和行动纲领，把人民对美好生活的向往作为奋斗目标，以供给侧结构性改革为主线，推动经济发展质量变革、效率变革、动力变革，推动互联网、大数据、人工智能与实体经济深度融合，完善消费体制机制，增强消费对经济发展的基础性作用。

我国生活服务业作为拉动消费增长的重要动力，作为满足人民美好生活需求的最前沿行业，作为促进供给侧结构性改革、促进质量提升的重要践行行业，作为增强消费对经济增长基础性作用的"压舱石"和"推进器"，在新时代要有新作为、新贡献，要以习近平新时代中国特色社会主义思想、党的十九大制定的方针政策为指导，坚持新发展理念，推动我国生活服务业向更高质量发展。

（一）服务消费快速增长

如今，大众化需求占主导地位，餐饮、住宿、家政等服务逐渐成为百姓的习惯性消费，如大众化餐饮占餐饮市场的80%，住宿消费中经济型酒店发展迅速，近40%的城镇家庭需要家政服务。随着互联网技术的广泛应用，个性化需求爆发式增长，以80后、90后、00后为代表的消费群体追求时尚，个性化需求层出不穷。专业化需求增长迅速，随着老龄化进程的加快，以突出技能为特征的养老、健康等服务需求呈现旺盛态势。体验式、特色化服务需求旺盛，养生保健、美体健身、休闲娱乐等体验式服务已成为居民生活服务消费的常态。

（二）服务供给日益丰富

信息技术全面融入生活服务，团购型、体验型、共享型、上门服务型等O2O模式在餐饮、家政、美容美发等生活服务领域得到广泛应用，方便、快捷、安全、舒适的服务模式不断推陈出新。住宿业中主题酒店、民宿短租发展迅猛；家政服务业在传统小时工、病患陪护的基础上拓展了上门洗车、生活用品配送等服务；美容美发业出现头皮护理、接发、美甲、美睫等服务；沐浴业在传统洗浴、足浴保健、温泉水疗等基础上推出医疗养生等服务。

（三）服务方式不断创新

智慧服务、融合服务、聚集服务、品质服务、精准服务、安全服务已经成为生活服务业发展的大趋势。信息技术和智能设备的运用更加广泛，智慧服务的范围不断扩大、水平不断提高。线上交易与线下服务的融合更加紧密，不同业态、不同行业之间的融合进一步深化，融合服务更加普遍。社区生活综合服务中心、购物中心和乡镇服务综合体将集中向居民提供各类生活服务，集聚服务更加广泛。顺应消费者需求方式的变化，一站式、精细化的品质服务越来越普及；顺应消费者注重体验、崇尚品位的个性化需求，精准服务将成为普遍追求。老百姓对人身、健康、财产等方面安全的要求越来越高，安全服务将成为共识。

（四）服务质量稳步提升

居民更加注重生活服务的内在体验、便捷程度和服务水平。质优价廉的服务成为主流，从业人员素质不断提升，行业法规不断健全，服务流程不断规范，信用评价体系逐步建立，消费者保护机制日益完善，优质服务供给的基础逐步夯实。舒适便利的服务成为普遍要求，居民生活服务业基础设施投入不断加大，信息技术的运用水平、消费便利化和舒适化程度不断提高。

（五）现阶段我国生活服务业存在的问题

现阶段我国生活服务业主要存在以下问题：一是总量不足，大众化早餐等便民服务网点缺失，家政服务供给严重不足，难以满足市场需求；二是结构不优，居民生活服务企业组织化程度低，连锁化水平不高，低端生活服务供给较多，除餐饮、住宿外，高档、高端、有品质的生活服务供给不足；三是质量不高，服务标准不健全，诚信水平不高，部分从业人员缺乏专业培训，服务不规范、不安全；四是负担过重，房租、人员成本不断上升，税费负担较重，企业经营压力较大。

第三节　生活服务业科技化的总体要求

国家发展改革委、市场监管总局制定的《关于新时代服务业高质量发展的指导意见》指出，到2025年的总体目标是服务业增加值规模不断扩大，占GDP比重稳步提升，吸纳就业能力持续加强；服务业标准化、规模化、品牌化、网络化和智能化水平显著提升，生产性服务业效率和专业化水平显著提高，生活性服务业满足人民消费新需求能力显著增强，现代服务业和先进制造业深度融合，公共服务领域改革不断深入；服务业发展环境进一步改善，对外开放领域和范围进一步扩大，支撑经济发展、民生改善、社会进步的功能进一步增强，功能突出、错位发展、网络健全的服务业高质量发展新格局初步形成。

一　指导思想

以习近平新时代中国特色社会主义思想为指导，全面贯彻党的十九大和十九届二中、三中、四中、五中全会精神，深入贯彻习近平总书记系列重要讲话精神，牢固树立和贯彻落实新发展理念，统筹推进"五位一体"

总体布局，协调推进"四个全面"战略布局，坚定践行新发展理念，深化服务业供给侧结构性改革，支持传统服务行业改造升级，大力培育服务业新产业、新业态、新模式，加快发展现代服务业，着力提高服务效率和服务品质，持续推进服务领域改革开放，努力构建优质高效、布局优化、竞争力强的服务产业新体系，不断满足产业转型升级需求和人民美好生活需要，为实现经济高质量发展提供重要支撑。

二 基本原则

（一）以人为本，优化供给

坚持以人民为中心的发展思想，更多更好满足多层次多样化服务需求，不断增强人民的获得感、幸福感、安全感。优先补足基本公共服务短板，着力增强非基本公共服务市场化供给能力，实现服务付费可得、价格合理、优质安全，以高质量的服务供给催生创造新的服务需求。

健康和文化层面的非物质性的劳务消费使人有别于其他生物，显现了人的价值。以人为本的发展目标应成为发展的主导目标。这种目标体现在民生方面，需要更大范围的消费内涵，而以人的多重需求为主要载体的目标将取代单一的物质生产目标。我国经济的发展应建立在对人的多样化需求的满足之上，在满足的基础上，更加注重人和家庭的需求。

中国社会经济存在许多亟待完善之处，改革的任务任重道远，展望中国的长期发展，需要根据经济的一般规律并结合中国实际，不断进行改革和调整。处在生活服务业改革的起点上，我们需要在发展的方向上进行调整和延伸，将促进服务的提供和服务业的发展、满足以人为本的多样化需求确立为发展的目标，更加注重人的价值和需求，真正做到"以人为本"；在方式上，抛弃行政主导的"有形的手"，建立以市场为导向的资源配置模式，以市场为主，更加信任市场的力量。一旦服务业定位恰当，那么可以预见，服务业将为我国的经济发展提供广阔的空间。同时，社会的福利也将得到提升。而市场导向的确立，能够理顺价格，从而驱使资源向服务业转移，带动国民经济效率的提升。

（二）市场导向，品牌引领

顺应产业转型升级新趋势，充分发挥市场配置资源的决定性作用，更好地发挥政府作用，在公平竞争中提升服务业竞争力。坚持质量至上、标准规范，树立服务品牌意识，发挥品牌对服务业高质量发展的引领带动作用，着力塑造中国服务品牌新形象。

从品牌竞争力的驱动因素分析，主要有来自服务企业外部的因素和来自服务企业内部的因素。外部的因素主要有政府、包括行业协会在内的中介组织，内部驱动因素主要有品牌管理人才、品牌规划、品牌宣传等。因此，品牌竞争力提升的路径应该是内外结合、相互促进（图1-4）。

政府层面，主要从制定品牌战略宏观规划、品牌建设扶持政策、品牌引导等方面为品牌竞争力提升营造良好的政策环境；行业协会等中介组织层面，主要从品牌标准制定、品牌宣传、企业间协调机制构建、市场监管与协调等方面为现代服务业塑造良好的品牌形象；企业自身层面，主要有服务质量提升和强势品牌塑造这两条相互促进、相互融合的路径。服务质量的提升是品牌塑造的基础，没有过硬的服务质量，品牌塑造就成了无源

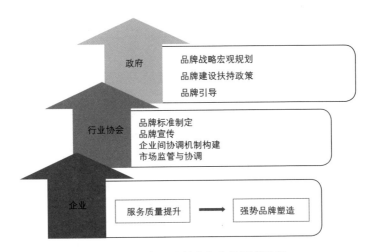

图1-4 服务业品牌竞争力的提升路径

之水、无本之木。为此，企业对品牌的培育要有足够的重视，要从品牌管理的人才培养、品牌支持体系构建、品牌塑造与维护等方面全面提升品牌竞争力。

　　服务业提供的产品以服务的形式呈现，服务产品没有实物形态，质量具有波动性，服务质量的评价主观感受性强，因此，服务业的品牌竞争力强弱对服务行业企业的发展有着非常重要的影响。现代服务业品牌建设是一项系统、长期而复杂的工程，需要政府、行业协会、现代服务企业多个层面通力合作，全面梳理品牌建设的现状，结合现代服务业的特征，针对品牌管理中存在的问题和薄弱环节，以整体、合作、持续的方法来管理和协调。具体的提升策略包括强化品牌意识，制定合理的品牌战略规划，提升服务质量，培养品牌管理人才，提高品牌创新力。

（三）创新驱动，跨界融合

创新是发展的第一驱动力，创新是满足人民美好生活需求的首要手段。通过创新供给激活需求的重要性显著上升，贯彻创新驱动发展战略，推动服务技术、理念、业态和模式创新，增强服务经济发展新动能。促进服务业与农业、制造业及服务业不同领域间的融合发展，形成有利于提升中国制造核心竞争力的服务能力和服务模式，发挥中国服务与中国制造的组合效应。

生活服务业的创新，关键是人工智能、物联网、云计算、大数据、5G等信息技术的创新，业态和模式的创新，商品和服务的创新。通过信息技术的创新，可以降低物流成本、经营成本、管理成本，提高效率和竞争力；通过技术的创新，可以有力推动业态和模式的创新；通过业态和模式的创新，可以更好地满足消费者多样化、多层次化和个性化的需求；通过商品和服务的创新，可以刺激潜在消费，提高边际消费率，扩大消费。

坚持创新发展，需要在创业、税收、融资、技术研发和应用、知识产权保护、人才等方面给予有效、有力的政策支持，创造良好的支持创新的政策和发展生态环境，充分激发和保护创新的积极性、主动性。支持创新的政策，不仅要支持线上服务业创新，也要支持线下实体服务业创新；不仅要支持大中型服务业创新，也要支持小微企业的创新；不仅要支持市场已存在主体的创新，也要支持新的创业者的创新；不仅要支持服务业的创新，也要支持消费商品和信息技术产品的创新；不仅要支持市场主体的创新，也要支持管理部门的政策创新、监管制度创新。

（四）深化改革，扩大开放

　　我国经济社会的发展所取得的巨大成就，得益于改革开放；我国生活服务业的发展所取得的巨大成就，同样得益于改革开放。1992年我国零售业率先对外开放以来，在短时间内，生活服务业的各种业态快速丰富，市场主体规模和市场消费规模都快速增长，满足了人民随生活水平提高而增长和丰富的需求，为繁荣市场、增加就业、引导生产、扩大消费、促进经济增长做出了积极而重大的贡献。深化服务领域改革，旨在破除制约服务业高质量发展的体制机制障碍、优化政策体系和发展环境、最大限度激发发展活力和潜力，推动服务业在更大范围、更宽领域、更深层次扩大开放，深度参与国际分工合作，鼓励服务业企业在全球范围内配置资源、开拓市场。

　　虽然我国生活服务业已是一个全面开放的市场，但在新时代，根据世界经济发展的变化，根据国家今后对外开放的战略布局和行动政策措施，根据我国生活服务业发展的趋势，生活服务业应强化责任意识、危机意识、开放意识，要继续做新时代开放的排头兵，要有新作为、新贡献、大作为、大贡献。

　　要继续坚持"引进来"。按照更高层次、更高质量的要求，"引进来"要从过去注重规模向注重质量转变，扩大高质量的商品、先进技术、先进新型业态模式的引进，满足人民群众对美好生活的需求。特别是在家政服务、健康、养老等需求快速增长，而国内发展相对薄弱的市场，要加快"引进来"。

　　要坚定"走出去"的信念和信心。新时代，我国生活服务业开放的重点，应由"引进来"为主向"走出去"为主加快转变。"走出去"不仅是国家更高层次、更高质量对外开放战略的要求，也是我国生活服务业可持续发展、提高国际竞争力的自身需求。目前我国生活服务业的一些行业、一些企业已具备"走出去"的能力，而且"一带一路"建设也为我国生活服务业"走出去"创造了难得的环境和机遇，相关企业应紧紧抓住这一大好机遇，积极参与到"一带一路"的建设中去，走出国门，走向世界市场。

由于我国生活服务业蕴含着优秀的中华民族文化，"走出去"不仅能有力带动相关产品、服务的出口，还可以更好地向世界讲述中国故事，传播中华民族优秀文化。国家要制定和完善、支持、鼓励我国生活服务企业"走出去"以及参与"一带一路"建设的政策机制，相关行业协会也要积极发挥促进作用。

第 二 章　　**生活服务业的**
　　　　　　　　　科技化路径

　　在第四次工业革命的背景下，各行业各领域都在进行数字化转型，其中服务业领域的数字化呈现逐渐扩大趋势。随着新一代信息技术的突破、发展、应用，服务业逐渐迈向数字化、网络化、智能化，知识密集型服务业日益增加，服务业的新业态和新模式接踵而至。

第一节　生活服务业的数字化

随着数字技术的发展，我国服务业的数字经济时代正式到来。如今，以人工智能、物联网、云计算、大数据、5G、区块链、边缘计算等为代表的新一代信息技术快速发展，增强现实（Augmented Reality，AR）、虚拟现实（Virtual Reality，VR）、智能机器人、无人设备及系统广泛应用，使得人们的生产生活方式全面改变，满足了我国供给侧结构性改革和现代化经济体系建设的需求，推动了我国经济新一轮的增长。在数字技术赋能、经济全球化、发展转型以及市场需求升级的驱动下，不仅我国服务业的形式更加多样，内涵更加丰富，而且分工日益细化，业态和模式都在不断创新，展现出新的活力。我国在全球多个服务业领域占据了一席之地，具备较强的国际竞争力，未来20年我国或将持续占据全球消费潜力最大、增长速度最快的服务业市场。

数字化是指将信息载体（文字、图片、图像、信号等）以数字编码形式（通常是二进制）进行储存、传输、加工、处理和应用。生活服务业数字化是数字经济与服务业深度融合的重要内容，是以数据为关键生产要素，通过数字技术与生活服务业深度融合，推动生活服务业结构优化和效率提升，培育新产品、新模式、新业态，不断提升服务品质和个性化、多样化服务能力的过程。例如我们熟知的在线消费、无接触配送、互联网医疗、线上教育等，这些都是生活服务业数字化的具体表现。

生活服务业数字化将推进服务经济发展的深刻变革。服务经济的发展离不开数字化发展，数字化可以从要素配置、服务模式、创新能力、监管模式四个维度进一步助力服务经济，促进服务经济的发展。并且，依靠数字化技术可以加快工业互联网平台的建设，推进传统产业升级和新兴产业发展，推动服务型制造业发展，数字化将赋能服务业新业态。不仅如此，数字化还能助推服务业的监管模式升级，进入数字化的创新模式。在数字化带来的服务过程中，也可以通过数字化手段解决用户的隐私问题；对用户而言，投诉举报渠道拓宽，线上监管和举报平台的出现，使用户的投诉举报方式更便捷，社会监督力度因此提高。同时，传统的要素分配模式也将因为数字化而发生全面改变，服务业的要素配置依托数字化得以创新，包括创新人才要素配置以及创新数字要素配置。

随着生活服务业数字化程度越来越高，平台带动线下商户就业的作用也将越来越大。生活服务业未来的发展，不仅关系到人民群众的消费需求是否能够得到满足，也关系到我国劳动力市场的稳定性。未来生活服务业将给劳动力市场和就业市场带来以下改变：发展模式将变为"大平台＋全产业链数字化"，数字经济平台将成为带动生活服务业数字化升级的核心动力；生活服务业数字化将打破原有的就业格局，实现消费市场、内部劳动力市场、外部劳动力市场数据全面融合；数字经济平台除了带动商户的数字化，也将带动商户上下游全产业链的数字化，生活服务业将形成一种新的社会分工体系。

▌一 智能终端

（一）智能终端的发展现状

　　智能手机、智能家居终端、智能车载终端、物流智能搬运终端、可穿戴设备、工厂生产线终端、工地手持终端……人们对这些智能终端都已耳熟能详，智能终端早已走入我们的日常生产和生活，几乎已经融入现代经济社会的各个领域，有着十分丰富的应用场景。中国是新一代信息技术大国，2019年，全国规模以上软件和信息技术服务业企业个数达36958家，比上年增加627家，实现利润总额9835亿元，比上年增长9.7%。在整个信息技术产业中，智能终端产业发展势头较猛，是当下最活跃、最具创新活力

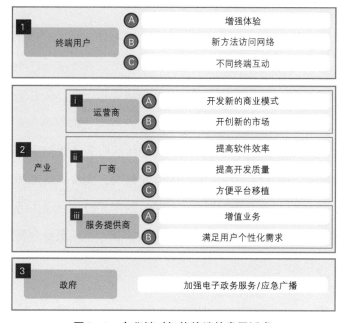

图2-1　产业链对智能终端的发展诉求

的领域，如图2-1所示为产业链对智能终端的发展诉求。目前，包括华为、小米、vivo、OPPO等公司在智能终端（智能手机、智能屏等）上的研究已经开始全面布局。

相比于国外，我国拥有庞大的信息消费市场、多样化的数字化应用需求，以及快速的硬件制造能力，这推动了智能终端硬件快速应用于各行各业。目前，我国已在部分行业具备先发优势，智能终端及相应智能服务的商业化前景广阔。在推动智能终端业的发展层面，中国信息通信研究院在国际电信联盟（International Telecommunication Union，ITU）、第三代合作伙伴计划（3rd Generation Partnership Project，3GPP）等多个国际组织担任领导职务，主导和深度参与了多项国内外标准制定，积极承担国家重大科技专项和产业化项目，包括5G总体技术研究、IMT-2020国际标准评估环境、移动互联网与智能终端公共服务平台建设等。随着智慧建筑、智慧社区、智慧城市的蓬勃发展，智能终端的发展空间得以拓展，成为最新技术的最佳应用场合。

（二）智能终端的发展趋势

人工智能正在推动智能终端发生变革，医疗、无人驾驶、教育、智慧城市等都已经出现了明显、成熟的应用需求。下一步，5G时代即将到来，5G通信能力的增强将极大地拓展人工智能的应用场景，也会给智能终端带来更广阔的前景和无法想象的市场空间。不过，目前智能终端产业仍存在部分短板。从全球来看，关于人工智能和智能终端的法律、伦理、政策、安全是全球共同面临的问题，需要规范和安全保障；从国内来看，我国更擅长市场应用，在核心技术如芯片、操作系统、软件等的开发设计方面需努力突破。这些短板需要政府转变观念,通过制定政策推动产业平衡发展。智能终端产业不仅规模大、产业链长,而且是新技术的试验田,对引领产业创新至关重要。如今智能终端产业发展正面临深度调整和转型,行业创新步伐在加快,打破了传统形态和应用禁锢,展现出多元创新的发展态势。

从技术趋势上看,视觉、听觉和触觉等方面的人机交互功能不断增强,全面屏规格持续发展,折叠屏成为下一轮创新周期焦点,基于人工智能技术的生物识别、语音识别等功能日趋成熟,多摄像头逐步由高端机型向中低端机型渗透。

从终端形态上看(图2-2),智能终端从手机单一产品形态拓展到多样化的智能终端产品生态圈,虚拟现实、智能机器人、无人机与智能家居迎来重大的发展机遇。

从应用领域上看,随着社会数字化发展,智能终端从一开始面向人消费的先锋产品,到现在快速拓展到经济社会的多个领域,改变了建筑、能源、教育、医疗、零售、汽车等诸多行业的服务方式,带来政府办公、公共

图2-2 智能终端管理优化

安全、交通物流等城市基本职能效率的大幅提升。

（三）智能终端在生活服务业的应用

手机等智能终端的快速普及和移动互联网的发展成熟，推动网民不断从 PC 端转向移动端，促使生活服务业企业的运营重心也向移动端转移。目前，移动互联网整体生态的发展趋于成熟，生活服务业企业围绕社交、O2O[1]、LBS[2]等进行移动端布局，网购、团购、美食、生活资讯、地图、旅游、出行、健康、社交、娱乐等与人们日常生活息息相关的各类移动 App 大量涌现，大大提升了生活服务业的整体服务水平，为用户带来全天候、全方位的个性化服务。

随着人工智能、物联网、云计算、大数据和 5G 的不断发展以及智能终端的逐渐普及，智能终端与家庭互联将进一步改变我们的生活。智能终端与家庭互联是数字技术的新应用、数字经济的新场景，是数字化在生活服务业的体现，不仅大幅度提升家庭场域的大数据价值，也成为家庭智联经济的催化剂，打造智能家居场景，满足人们美好生活需要。

在我国，家庭智能终端和系统呈现爆发式增长。四大人工智能开放创新平台的建立，再加上 5G 的商用，使智能电视机、智能手机、智能音箱、智能冰箱、智能空调、智能灯具等所有的电器终端均快速实现智能化，推动了智能家居发展。例如，智能音箱近年来发展迅速，因为具备语音实时交互的特点，将逐渐成为新的家庭管理中枢。例如，天猫精灵是阿里巴巴

1　Online to Offline，线上到线上。
2　Location Based Services，基于位置的服务。

人工智能实验室推出的一款智能家庭语音助手，具备听音乐、听广播、讲故事、讲笑话、智能家具控制、手机充值、声纹支付、点外卖、定日程、查新闻、定闹钟等丰富功能，它内置了中文人机交流系统AliGenie，给用户带来人机交互的新体验。此外，由于具有便利性，智能音箱近年来受到人们的青睐，相关应用也越来越多。这些家居设备的智能化，推动生活服务业实现高质量发展。

二　数据可视化

（一）数据可视化的意义

大数据时代，各行各业对数据的重视程度与日俱增，对数据整合、挖掘、分析、可视化的需求也日益迫切。如今在一些行业，数据可视化已经成为日常办公、指挥调度、战略决策必不可少的支撑。数据可视化能使数据的呈现更加直观、快速、全面。视觉对信息的接收量比听觉等其他四种感官的接收量总和还要多。数据可视化能将枯燥的数据转化为生动的图表，使内容高效地反射到我们的大脑中。大屏数据可视化就是通过整个超大尺寸的LED屏幕来展示关键数据内容。随着企业数据的积累和数据可视化的普及，大屏数据可视化越来越容易实现。

不得不承认，枯燥乏味的数字用可视化的方式呈现出来，更容易使人接受、理解、记住。经过30年的信息建设，政府、企业的业务系统已经较为成熟，一个企业往往会有几十个乃至上百个业务系统，将业务系统中最有价值、最关键的数据提炼、汇集在一起并呈现出来，就可以起到支持决策的作用。数据的采集、传输、存储、分析、运算等前期工作是基础性工作，借助可视化手段，将各类数据中的规律、联系展现在决策人面前，才能让数据有效支撑最终的决策过程。只有通过可视化手段，才可以将大量前期、底层工作中蕴含的价值快速、全面地呈现出来，并突出亮点和重点。因此数据可视化系统也常用于向上级领导或来宾进行展示汇报。

数据可视化以数据、信息更易于被人理解为目标，将大数据用可视化的方式呈现，展现大数据蕴含的自然数据之美，而这种美观则是令人易于接受的必要因素之一。另外，与用户交互是大屏数据可视化真正的核心，要了解客户真正的需求并且能够恰当地规划数据页面，需要数据可视化分析师精心分析策划。有大数据的地方，就有可视化的需求。数据可视化是大数据生态链的最后"一公里"，也是用户最直接感知数据的环节。随着时代的发展，无论是数据呈现手段还是大屏应用，都在不断进步。

（二）数据可视化在生活服务业的应用

随着大数据时代的来临，各行业各领域都在思考和探索大数据带来的价值。生活服务业拥有大量服务数据，面对这些海量的数据，很多生活服务企业开始摸索着搭建基于可视化大屏的数据运营中心。如图2-3所示为绿城服务集团的云图系统大屏。

数据可视化系统可以实现"全闭环管控"及"智慧运营"，以及生活服务业管理各项服务专业子系统的集成管理；实现统一平台下的任务流转、信息发布、辅助决策等业务应用管理；实现服务运营数据的全面云端化，建设全面贯通的服务系统，逐步将员工、客户、设备、物业等内部各模块与服务系统贯通。

图2-3　绿城服务集团的云图系统大屏

　　数据可视化可以助力生活服务业的复工决策。2020年的新冠肺炎疫情给人们的生活带来很大影响。通过对生活服务业的网络平台订单和场景数据进行分析，辅以预警分析和定向监测等多维数据分析，利用涉网数据，深化数据利用，实现数据可视化，来映射全国实体生活服务业复工复产趋势，可为复工复产提供决策参考。通过复工数据可视化分析，可以实时监测全国的复工进度。另外，根据各生活服务场景下消费规模、订单收货、客体分类及消费时段等综合数据，将数据可视化，可以直观看到并分析出各地居民在生活服务可能较集聚、增长速率较快的生活工作场所。这些场所实体复工企业（店铺）较多，人员较为密集，可作为下一阶段防疫工作重点区域，实现对防疫工作精准智控。

（三）数据可视化的发展趋势

目前我们正处于大数据时代，大数据可视化可以把纷繁复杂的大数据集、晦涩难懂的数据报告变得轻松易读。当然，数据可视化并不是简单地把数字用图表表示出来，而是帮助我们发现数据背后的规律。

数据可视化趋势已经成为必然，未来将会在我们的生活中产生更加丰富的应用。例如，利用数字化技术可以实现宏观态势可视化，直观、灵活、逼真地展示宏观态势。比如，借助数据可视化技术可以清晰地呈现历年春运期间的每日旅客人次，管理部门者通过对旅客出行大数据的分析和有效整理，可以从中摸索出旅客出行的大体规律和热门线路，便于制订旅客运输方案，保障列车的供给，从而为旅客的顺畅出行提供有价值的参考和更便捷的服务。

除此之外，数据可视化还可以实现设备仿真运行可视化。通过图像、三维动画以及计算机程控技术与实体模型相融合，实现对设备的可视化表达，使管理者对其所管理的设备有具体形象的概念，对设备所处的位置、外形及所有参数一目了然，这会大大减少管理者的劳动强度，提高管理效率和管理水平，实现智能化。

数据统计分析可视化是目前提及最多的应用，可以普遍应用于商业智能、政府决策、公众服务、市场营销等。根据实时的监控数据，把最新的数据呈现在大屏幕上，让使用者清晰地看到自己想要看到的数据，并做出决策的调整。

三 数字认证

（一）数字认证的意义

随着计算机和网络技术的飞速发展，人类进入了信息社会，互联网深刻影响着社会生活的各个领域，网络拥有十分丰富的信息资源，使人们能够享受视听盛宴；但同时网络也产生了很多消极负面的问题，例如用户信息泄露、网络诈骗等，需要全社会共同关注。如何维护信息安全成为现代信息技术事业发展的核心难题。

为增强现代信息技术的安全性，人们想到使用密码学为信息设置保护程序，而目前现代密码学中最受关注的核心研究内容就是数字证书技术。数字证书由独立第三方机构签发，在政治、军事、经济等诸多领域均有着不可替代的作用。它能有效进行网络用户的身份识别和认证，对促进信息完整传播、保证信息安全起到了建设性作用。

（二）数字认证的特点

安全性。在完善数字证书安全性的过程中，使用双证书解决方案，有助于弥补以往网络保护方法容易丢失数字证书的缺陷，确保网络安全稳定运行。

方便性。在网络安全中应用数字证书，需要即时申请、即时使用和即时开通，依据使用者的需要，为其提供短信验证与密保问题等相应的措施，以此确保数据传输的安全。它的方便性在于即便是使用者没有学习、了解过相应的使用知识，也能做到安全使用。

唯一性。数字证书会根据使用者的不同身份赋予其相应的访问权限，如果要更换别的计算机来登录账号，只凭账号和密码是不够的，还必须具备相应的证书备份，在这样的情况下才可以获得使用的权限，否则将不能进行任何操作，从而保障使用者的账号安全，以此确保网络使用的安全性。

（三）数字认证在生活服务业的应用

当前，移动互联网、云计算、大数据等新业务和新形态的迅速发展给网络空间带来了丰富的应用，形成了大量有价值的数据资产。随着人们生产生活与网络空间的紧密结合，各类安全风险也随之而来，网络安全保障需求与日俱增。

在生活服务业中运用数字认证，可为我们带来诸多便利，如图2-4所示为日常生活中使用的电子身份证、数字登机牌、企业CA证书电子钥匙，这些都属于数字认证。借助数字证书的加密技术，我们的个人隐私信息得到了保护。此外，如果用户对某一网站的安全性存疑，也可以查看该网站的数字证书，来判断其安全性。借助动态加密技术，可实现安全终端保护，保证有权限的用户安全访问终端，把无权限的用户拒之门外。并且，针对终端机中的部分特殊信息，用户可以利用数字信封技术对其进行加密，其他访问者只有具备指定证书才可以做到正常访问这些信息。除此之外，使用者还能够借助数字签名技术确认软件背后的供应商，降低网络安全风险。同时，数字证书还可以提高电子邮件的安全性，确保发件人的真实性以及电子邮件中的信息在发出之后不被篡改。另外，用户在使用网络传输信息时，要谨慎为上，对用户的身份进行授权管理，借助数字证书技术加强对用户真实身份的验证，完成系统的认证，从而确保信息系统安全。

电子身份证

数字登机牌

企业CA证书电子钥匙

图2-4　数字认证授权身份管理应用

经过多年的发展以及市场培育，我国数字认证服务产业已粗具规模，数字证书的覆盖区域日渐扩大，数字证书跨境互认应用持续推进。生活服务业离不开网络，数字认证为网络安全保驾护航，帮助生活服务业实现更快更好发展。

第二节　生活服务业的网络化

生活服务业的网络化是指网络全面渗透到生活服务业中，例如生鲜配送、在线教育、在线医疗等都是生活服务业网络化的具体表现。加快推动生活服务业的网络化，不仅有利于创新生活服务业发展方式、促进生活服务业转型升级，而且对经济保持快速增长、产业迈向中高端具有重大意义。

▍ 一 物联网

（一）物联网的意义

物联网（The Internet of Things，IoT）是指通过信息传感器、射频识别技术、全球定位系统、红外感应器、激光扫描器等各种装置与技术，针对任何需要监控、连接、互动的物体或过程，实时采集其声、光、热、电、力学、化学、生物、位置等各种需要的信息，通过各类可能的网络接入，实现物与物、物与人的泛在连接，实现对物品和过程的智能化感知、识别和管理。物联网是一个基于互联网、传统电信网等的信息承载体，它让所有能够被独立寻址的普通物理对象形成互联互通的网络。可以说，物联网是通过传感器和物联化、互联化、智能化的网络相连接，以全面感知、可靠传送和智能处理，将人、物和网络全面连接。

服务业的发展目标与云计算、物联网等信息通信技术的发展目标存在诸多一致性，它们之间的关系是相互促进、互为补充的，通过产业结构的不断调整和升级实现服务业的高速发展，物联网作为市场发展热点已成为一种新型发展趋势。

物联网通过全面的数据收集联网、分析和优化，更好地支撑和管理一个城市或者一个区域。物联网是国家战略性新兴产业的重要组成部分，是继计算机、互联网和移动通信之后的新一轮信息技术革命，正成为推动信息技术在各行各业更深入应用的新一轮信息化浪潮。

发展物联网产业，是实现技术自主可控，保障国家安全的迫切需要；是促进产业结构战略性调整，推进两化融合的迫切需要；是发展战略性新兴产业，加快转变我国经济发展方式，带动经济增长，建设智慧城市的迫切需要；是提升我国整体创新能力，建设创新型国家的迫切需要。物联网在提升社会和公共服务能力方面具有重要的意义。

（二）物联网的发展现状

随着全球范围内低碳经济的发展，更多的企业将目光投向物联网，推动产业和物联网间的深度合作，从而促进了物联网的快速发展。目前已经有一些成功的合作模式逐步诞生和成熟。

紧跟世界物联网发展的步伐，我国物联网产业在长三角、珠三角、环渤海，以及中西部地区等四大区域逐步布局并完善新的战略发展方向，具备了一定规模的技术能力和较好的产业发展结构。第一，庞大的市场规模。我国涉及物联网的企业非常多，其中，中国移动和中国电信在全球的影响力非常大，不仅具备先进的通信技术，还占据了庞大的市场份额。第二，拥有先进的核心技术。物联网中需要的核心技术如芯片、通信、网络、云计算等都具备一定的自主研发能力，在传感器的研发上已有大量的核心技术。第三，完善的标准制定措施。在物联网的发展道路上，我国也在积极探索更好的适合自身健康发展的标准，具备了制定传感器国际化标准的资格和水平。第四，在更多的产业中得到较好应用。目前我国的物联网已经成功实现了和其他三个产业的有效融合，给人们的生活带来了很大的便利，例如超市使用的食品安全追溯系统就和人们的日常生活息息相关。

（三）物联网在生活服务业的应用

如图2-5所示，物联网在各行各业都具有广泛的应用价值，就生活服务业而言，其应用价值主要体现在以下几个方面。

图2-5 物联网的应用价值

1.金融领域

物联网能够极大地扩展金融业的服务空间，提高金融业的服务能力。物联网可以应用在金融业的不同领域，诸如安防、互联网支付、金融业内部管理等，不断地打破金融行业壁垒，为金融业创造崭新的价值。物联网在与金融业结合发展的过程中，将为金融业创造巨大的发展空间与发展机遇。

2.医疗卫生

物联网技术在医疗卫生领域有着十分丰富的应用场景，极大地推动着医疗卫生事业的发展。将物联网技术应用到医疗领域，可以实现与各种新的医疗IT系统进行通信。医院利用物联网技术，能实现挂号、缴费等业务的自助化，大大提高了效率。另外，借助物联网技术，医生能够远程监控病人的病情，这种持续的远程监控降低了医院成本，使即时远程咨询，甚至远程开药成为可能。物联网技术在医疗保障、公共卫生、血液管理、药品管理等医疗领域的广泛应用，为社会提供了高品质、高效率的医疗服务。

3.社会公共服务

物联网在社会公共服务领域有着十分重要的应用意义，可以创新公共服务方式，提高公共服务效率与质量。物联网打破了传统的养老方式，解决了传统养老模式所存在的许多问题。物联网技术可以为居家老人提供各种居家智能服务，动态监测老人的健康状况，真正实现智能居家养老，并且可以整合当地的优势资源，带动地方产业发展，这对当下中国突出的老龄化问题具有重要的现实意义。

（四）物联网发展存在的问题

尽管物联网得到了广泛应用，但是这一技术在很多方面仍然存在问题，主要是低功耗远程通信、智能物联网，以及物联网设备的安全。我们需要密切关注物联网这三个方面的问题。在未来，与物联网相关的更多技术将会逐步成熟并应用于人们的日常生活中，用于提高人们的生活质量，促进生活服务业的发展。

1.低功耗远程通信

行业厂商开发了一些低功耗和长距离通信技术，称为低功耗广域网。远距离无线电（Long Range Radio，LoRa）是一种流行的无线电调制技术，它促进了许多应用，例如智能远程测量仪。物联网设备通过传感器来收集数据，当人工智能应用于这些设备时，物联网将变得更智能。由于物联网设备没有足够的计算能力来处理收集到的数据，因此只能将数据发送回服务器。但是，这一过程耗费了太多的通信能量，而物联网设备并不总是可以时时联网在线。

2. 智能物联网

智能物联网（AIoT）[1]指系统通过各种信息传感器实时采集各类信息（一般是在监控、互动、连接情境下的），在终端设备、边缘域或云中心通过机器学习对数据进行智能化分析，包括定位、比对、预测、调度等。在技术层面，人工智能使物联网获取感知与识别能力，物联网为人工智能提供训练算法的数据；在商业层面，二者共同作用于实体经济，促使产业升级、体验优化。伴随着物联网技术的更迭、智能家居场景的爆发，以及5G的商用和低功耗广域物联网的超广覆盖，中国物联网连接量预计到2025年将增至199亿。目前，物联网正处于连接高速增长的阶段，未来数百亿的设备并发联网产生的交互需求、数据分析需求将促使物联网与人工智能更深层次融合，智能物联网将具有更广泛的应用场景。

1　AIoT（智能物联网）=AI（人工智能）+IoT（物联网）。

3.物联网设备的安全

由于计算资源受限，物联网设备容易受到网络攻击。与个人电脑不同，人们无法在物联网设备上安装任何防病毒软件。为了保护物联网设备，需要仔细设计替代方法。而且要引起注意的是，物联网设备也收集敏感数据。

▌ 二 5G

（一）5G的意义

5G是当前移动通信技术发展的下一阶段，它将为客户提供更大、更快的数据连接，为新的服务应用开辟道路。5G技术可做到10倍于4G的峰值速率以及用户体验速率、百万的连接数以及超低的空口时延。5G不仅仅是以用户为中心、全方位的信息生态系统，更能做到从线上到线下、从消费到生产、从平台到生态，有效支撑垂直行业融合发展。5G技术的蓬勃发展也进一步推动了云计算、网络、大数据的快速发展。其中，云计算是重要的基础设施，网络是构建万物互联的桥梁，大数据则通过汇聚海量数据以及挖掘其价值，实现服务的智能化。因此，5G网络的这些优良特点可助力产业互联网与消费互联网的深度融合。运营商将利用5G、大数据、云计算的资源，像消费互联网时代一样全面赋能产业互联网经济。

5G对于构建智能物联产业意义重大。不仅仅是5G设备投资，产业链重构带来的上游自主可控与包括手机、物联端、智能汽车在内的5G终端产业创新正进入实质阶段，面临投资机遇。5G所具有的高速率、大容量、低时延特点,为经济社会各领域数字化、智能化转型提供了技术前提和基础平台。凭借技术领先、市场庞大、产业先发等长处,5G产业的快速发展将带动我国通信设备产业、智能终端产业、信息服务行业取得突破性进展,促进我国经济结构调整和经济高质量发展。

5G作为新一代移动通信技术,是未来万物互联社会的基础性网络设施,有助于整个经济社会向智能化发展,是经济进一步发展的重要动力,将是经济社会转型变革的催化剂,引发全球经济竞争规则重塑。5G和人工智能、大数据等新一代信息技术结合,会引发信息革命的风暴,产生很多新的应用、新的产品和新的商业模式,涌现出无人驾驶、远程医疗、远程教育、工业机器人、智慧城市等多种新业态、新产品、新模式,极大地满足了消费者的多样化高层次需求。同时,这些新技术有利于传统产业实现产品转型升级、业务数字化转型、效率提升,为传统企业的新动能转化增添了新动力。传统产业的数字化转型和新兴产业的不断发展,推动我国经济迈上新台阶。

(二)5G的发展现状

智能终端产业迎来蓬勃发展,5G相关的应用正处于高速发展期。5G场景从单一的大数据流量向低时延、高可靠、大连接等多重应用场景拓展,虚拟现实、增强现实、智慧家居、智慧城市、智慧农业、远程医疗、物联网等不断走入人们的生活。我国5G应用领域发展迅速,无论从政府层面还是企业层面,都在不断加快推进5G应用场景的落地。广州、深圳、上海、北京、杭州等城市开展了一系列基于5G的应用创新,如智慧金融、智慧城市、工业互联网等行业应用。

软件和信息技术服务行业创新发展空间大。随着5G技术的不断成熟及大规模商用，人与人、人与物、物与物之间将实现更广泛的连接。这就需要将5G技术与人工智能、物联网、云计算、边缘计算等新一代信息技术深度融合，利用人工智能、大数据、云计算等技术进行数据的撷取、过滤、处理、反馈及智能决策。这一过程必将带动人工智能、大数据、云计算等软件和信息技术服务业的技术创新、业务创新和商业模式创新，同时加快企业国际化进程。图2-6所示为我国三大运营商的5G建设规划图。

图2-6　我国三大运营商的5G建设规划图

（三）5G对生活服务业的影响

相比于4G通信，5G在速度上有飞跃式的提升，在容量、覆盖率、通信交互、安全、用户体验等方面都是上一代通信技术所无法比拟的。正是因为这些优势，5G将开启生活服务业全新的发展时代。

5G网络的低时延、高速率、大连接等优点，对生活服务业产生了颠覆性的影响，让人工智能变得更加聪明，让虚拟现实和增强现实得到更广泛的商用，让自动驾驶的安全性得到提高，让智能家居实现智能互联。

在5G时代，最直接的体验就是网络速度更快。那些对网速要求极高的设备，如AR、VR设备将变得迅速、灵敏，带给人们舒适尽兴的体验。例如，借助VR技术，人们可以在家虚拟试衣服，也能足不出户就游览世界各地。5G是万物互联的开始。举个例子，汽车可以和家里的空调之间进行互联通信，当天气很热时，在下班回家的路上汽车就可以告诉空调启动起来。5G可以让城市变得智慧：它能做到实时监测人流量少的路段，关掉路灯节省能源；还可以做到在车祸路段自动调整红绿灯，及时让出一条生命之路。而这一切都是实时展现，没有延时，几千米之外就如近在眼前。

将5G应用于生活服务业，将出现许多新的应用场景。例如，在5G公交车上，乘客可以随时观看4K高清电视，或者用手机直接接入5G信号，在线或下载电影观看，速度相当快；使用5G智慧公交车载大数据实时监管平台，通过5G智能网关，对司机安全驾驶行为、司机健康状况、客流以及车辆运行状态等数据进行实时采集，可以为公交车应急调度指挥提供保障。5G还可以在医疗领域得到广泛应用，如远程查房、远程B超、远程手术等。

（四）5G发展存在的问题

5G产业的发展也同样面临着很多挑战。5G频谱资源有限，供需矛盾凸显。现阶段我国频谱资源是异常稀缺的，高、低频段优质资源的剩余量十分有限，4G之前我国就分配完了低频段中的优质频率。而高频段频谱资源的频率高、开发技术难度大、服务成本高，目前能用且用得起的高频段资源较少。目前在6G以下，很难有3×200M可用频段，必须启用毫米波段。在5G时代移动数据流量的增长势头会异常猛烈，为满足增强移动宽带（Enhanced Mobile Broadband，eMBB）、极可靠低延时通信（ultra-Reliable and Low Latency Communication，uRLLC）、大规模机器通信（massive Machine Type Communication，mMTC）三大类5G主要应用场景更大带宽、更短时延和更高速率的需求，需对支持5G新标准的候选频段进行高、中、低全频段布局，所需频谱数量也将远远超出2G/3G/4G移动通信技术的总和。我国频谱供需矛盾将在5G时代越发凸显。我国5G的用频思路是以6GHz以下频率为基，高频为补充发展。

2018年12月，工信部已经向中国移动、中国联通、中国电信三大运营商发放了全国范围内5G中低频段试验频率使用许可，加速了我国5G产业化进程，但5G商用面临的频谱资源频段挑战还很大。5G部署投入成本高，短期内很难获取资本回报。5G基站包括宏基站和小微基站等主流基站模式。与4G相比，5G的辐射范围较小，从连续覆盖角度来看，5G的基站数量可能是4G的1.5～2倍。机构预计，三大运营商5G无线网络投资总规模约为6500亿元，其中宏基站总数约为400万个，小微基站约600万个。而大规模天线使5G基站建设成本高，还需新建或大规模改造核心网和传输网，因此构筑良好的5G网络需要运营商投入大量财力。投资大幅度增加，但场景落地和资本回报路径尚不清晰。

现阶段，5G发展仍以政策和技术驱动为主，VR、无人驾驶等关键技术还未普及，应用服务还未全面覆盖。核心技术仍存在部分的对外依赖度，部分底层关键技术仍不成熟。在标准制定方面，与欧美厂商相比，我国通信厂商不具备压倒性优势，很难复制高通在3G时代的强势地位。在芯片领域，国内厂商在商用时间和技术上与欧美基本同步。在电信设备领域，我国FPGA（Field Programmable Gate Array，现场可编程逻辑门阵列）、数模转换器、光通信芯片等电信设备基本从欧美元器件厂商进口；在终端方面，以智能手机为例，内存、CIS传感器等核心元器件都由国外把控，即便是国内设计的SoC（System on Chip，系统级芯片），其CPU和GPU也依赖于英国ARM公司的技术授权。

在物联网领域，截至目前，华为、中兴等公司推出的物联网解决方案，其中的CPU都使用了ARM公司的内核。同时，相较于前几代移动通信技术，5G的设计理念新颖，功能更加强大，对高频段射频器件等关键材料器件要求较高。目前，5G终端产品的技术成熟度和商用化进程滞后于通信网络设备，尤其是射频等底层关键领域的技术还不成熟。而我国在5G中高频材料器件领域与欧美等发达国家仍存在一定差距，这将是我国5G产业发展的痛点。在政府大力支持和企业多年积淀下，我国5G专利数居全球首位，在5G标准制定中处于优势地位。然而，近年来，美、欧、日等国家或地区精准打击我国5G领域核心企业，我国5G技术推向国际的难度不断增加。从产业自身发展来看，各国为争夺5G标准制定权，纷纷加快推进5G技术研发、技术试验和网络部署，产业竞争异常激烈。在网络建设和技术演进还存在路线之争的情况下，企业动作迅速，商用时间节点不断前推，5G产业化速度已追平技术试验和标准制定速度。外部环境的变化和产业自身过度的竞争，将大大增加我国5G发展的不确定性和成本压力。

三 区块链

（一）区块链的意义

区块链是分布式数据存储、点对点传输、共识机制、加密算法等计算机技术的新型应用模式。区块链是比特币的一个重要概念，它本质上是一个去中心化的数据库，同时作为比特币的底层技术，是一串使用密码学方法相关联产生的数据块，每一个数据块中包含了一批次比特币网络交易的信息，用于验证其信息的有效性（防伪）和生成下一个区块。

如果说人工智能是一场关于生产力的革命，那么区块链就是一场关于生产关系的革命。有史以来，区块链第一次使用技术对人与人之间的关系进行了编程，以提高信用并释放信用。因此区块链的本质是生产关系的变革，是共识和共赢。经过多年的发展，区块链技术迅速发展，它带来的变化将是非常巨大的，这种变化来自很多方面，包括公益、住房、教育、医疗、食品等领域，并对我们的生活产生重要影响。

（二）区块链的发展现状

2018年，我国区块链行业政策环境明显改善，技术能力迅速提高，行业应用逐步拓展。2019年，我国区块链行业秩序趋于规范，社会认识日益提高，区块链技术与产业进入快速发展时期。

区块链技术创新不断涌现。当前，区块链技术仍然处于发展早期，尚未成熟，正在进行区块链性能、隐私安全等方面的技术创新。根据赛迪全球公有链评估指数，仅作为评估对象的全球主流公有链平台已超过30个。实际上，全球公有链项目已远远超过这个数目，并且还在不断增加。不同区块链平台之间在设计理念和实现方面不尽相同，在区块链底层架构的标准尚未达成共识之前，区块链平台技术与应用的竞争将日益激烈。另外，随着全国各地政策的支持，区块链的产业规模快速增长，应用效果也在逐年凸显。

（三）区块链在生活服务业的应用

"区块链＋服务"将会给整个服务行业带来全新的发展，也能有效改善行业发展中出现的各种问题。区块链技术将会在推动行业的发展的同时，让我们的生活变得更加便捷、安心。

在医疗行业，因现有的网络信息不能高度融合，跨医院病人的病历无法共享，如果病人跨医院进行治疗，就会被重复检查，不仅增加了医疗成本，还对病人造成再次伤害。借助区块链技术，我们可以将同一个病人在不同医院的病历进行整合，形成电子病历保存在区块链的节点上，当病人跨院治疗时，医院可以参考病人过去的治疗情况，省去了不必要的检查，降低对病人的再次伤害和医疗成本。

在酒店行业，因为缺乏对酒店管理的监控，所以酒店违规的行为频频出现。借助区块链技术，我们能为酒店和客户分别建立诚信档案，并将其存储在区块链的每一个节点上，当酒店或者客户出现违规行为时，将其记录在区块链上，每个人都可以看到，且不可更改，这样一来，就可以有效监督各方不做出违规行为。

在餐饮行业，随着互联网科技的普及，我们可以轻松地通过手机App

点餐。外卖的普及伴随着食品安全问题。由于餐饮业每天消耗的食材品类繁多，并且需求数目众多，若使用传统方法来进行食品溯源，将耗费大量时间成本和资金成本。借助区块链技术的去中心化系统，可以为每一种食材创建一个资料库，每一种食材的原产地、储存条件、交货时间等具体信息都可以记录下来，大大降低食品溯源的成本。

区块链给服务行业带来了福音，除了上文提及的医疗业、酒店业、餐饮业，未来的区块链技术将渗透我们生活的方方面面，必将产生深刻而长远的影响。

（四）区块链发展存在的问题

区块链安全问题日益突出。区块链核心技术、机制和应用部署等方面均有许多安全隐患，不法分子利用相关漏洞实施攻击，安全风险事件经常发生。区块链安全问题分为区块链技术安全、区块链生态安全、区块链使用安全和区块链信息安全四类。区块链技术安全方面的问题主要是因为区块链本身核心技术或机制不完善导致的。区块链生态安全方面主要是指区块链产业生态中的各种安全问题。例如，钱包面临DNS（Domain Name System，域名系统）劫持风险，加密数字货币交易所、矿池、网站遭受DoS（Doniel of Service，拒绝服务）攻击，以及交易所安全管理策略不完善或不当导致的各种信息泄露、被钓鱼、账号被盗等。区块链使用安全主要指的是用户使用区块链应用所面临的潜在安全问题，例如私钥管理不善、账户遭遇窃取病毒或木马等。区块链信息安全主要是指不法分子利用区块链技术的不可篡改特性将非法信息或文件上链所导致的安全监管问题。总而言之，区块链安全事件呈高发态势，需要引起广泛重视。

区块链关键技术亟须突破。我国区块链企业主要吸纳国外开源社区的区块链研究成果，自主研发的区块链平台并不多，国内仅有少数企业自主研发出 CITA、Bubichain、BROP、BCOS 等平台，多数企业基于比特币、以太坊、超级账本等国外开源区块链产品进行开发和完善。尽管 2018 年我国区块链专利位列世界第一，但整体价值不高，大部分企业围绕加密数字货币、钱包、存证溯源等应用层开展研发工作，较少涉及区块链关键技术。实际上，区块链平台性能不足、安全不够、难以互联互通等问题对共识算法、密码学、跨链等关键技术突破提出了更高的要求，从目前区块链最新技术理念和解决方案来看，如 DAG（Directed Acyclic Graph，有向无环图）、PoS（Proof of Stake，股权权益证明）共识算法、分片、闪电网络、零知识证明、侧链等技术方案，很大一部分是由国外技术社区提出的，国内技术社区进行跟随，我国自主原创的较少。我国亟须在区块链关键技术方面有所突破，从而推动区块链技术在更大规模的商业场景中落地。

区块链有待与实体产业深度融合。一是区块链基础设施尚未完善，尚未真正诞生类似微信、支付宝等的杀手级应用。社会大众对区块链的认知仅仅停留在比特币等加密数字货币层面，在实际生产生活中与区块链接触较少，导致人们对区块链的认识不够，区块链对人们生产生活方式的影响程度较低。二是未能真正发挥区块链在技术、理念、模式等方面的创新优势。当前，多数区块链应用主要基于区块链数据不可篡改这个特点，对于区块链去中介化、去信任、共协作、可追溯、激励机制等方面的创新探索，以及对"区块链＋其他新兴技术"融合应用发展的研究不足。实际上，摸索研究上述关键点，有利于区块链技术找到与实体产业深度融合的新逻辑、新方法以及新模式，解决实体产业目前存在的痛点。三是由于区块链系统开发、推广、部署等成本较高，相关安全评估、检测等技术手段不完善，存在着一定安全风险隐患，区块链只在部分行业得以小规模应用。

四　边缘计算

（一）边缘计算的意义

边缘计算是一种分布式处理和存储的体系结构，通过将原本由中心节点提供的应用或计算服务分解为若干部分，分散到边缘节点由其分别进行处理，计算能力更接近数据的源头。具体而言，是在靠近终端设备或数据源头的网络边缘层，搭建融合网络、存储、计算、应用等能力的平台，就近提供计算服务，满足快速连接、实时分析等方面的技术和应用需求（图2-7）。

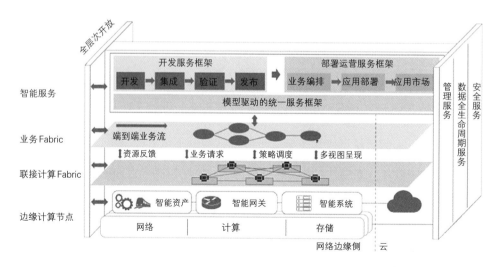

图2-7　网络边缘检测图

随着技术的成熟与应用场景的铺开，人工智能逐步进入人们生活、工作的各个方面，智能产品的类型不断扩充，智能计算的场景日益丰富，特别是物联网设备的普及以及边缘计算时代的到来，致使边缘侧产生海量数据与智能计算需求。传统的基于数据中心"云端"的人工智能计算与处理模式，受功耗高、带宽不足、实时性低和数据传输中的安全性较低等因素制约，不能完全满足边缘侧的人工智能计算需求。随着智能手机、智能家居、智能网联汽车、工业互联网等产品与应用场景的普及与发展，人工智能正逐渐从云端向边缘侧的嵌入端迁移，智能边缘计算由此应运而生。与云计算相比，边缘计算更靠近终端，存在诸多优良特性。因此，边缘计算和云计算的混合使用，通常被认为是构建综合型物联网解决方案的最佳实践。

智能边缘计算借助物联网的边缘设备进行数据采集和智能分析计算，实现智能在云和边缘之间流动，对人工智能算法、终端、芯片都提出了新的要求，正受到人工智能、物联网企业的青睐。目前，智能边缘计算具有四个主要优点：一是在本地进行数据分析计算，更好地支持业务的实时处理与执行；二是终端的绝大部分数据不需要在设备和云端间往返，有效减轻了网络流量压力；三是就近实现数据分析并做出反馈，业务执行效率更高；四是支持移动性，对带宽、环境条件要求不大，能够广泛部署。

（二）边缘计算的发展现状

在国外，被业界称为"3A"（亚马逊 AWS、阿里云 Alibaba Cloud、微软 AZURE）的云计算三巨头以及 CDN（Content Delivery Network，内容分发网络）玩家都已经在边缘计算上进行战略布局。在中国，阿里巴巴 2018

年战略投入"边缘计算"领域；海康威视开启"AI Cloud ＋ 行业"解决方案的应用，将"云边融合"技术植入多个行业；大华股份为适应新形势下社会治安防控体系建设的要求，定制了一套边缘计算节点智能联网解决方案；旷视科技打造"云－边－端"的业务体系，构建云、边、端协同的智能安防感知网络；华为、英特尔、ARM 等公司联合成立了边缘计算联盟，旨在推动各方产业资源合作，引领边缘计算产业的健康发展。

伴随着物联网的日益发展，边缘计算以其高速精准的计算能力渗透至物联网的各行各业当中。根据高德纳咨询公司的技术成熟曲线理论，2015年物联网从概念上而言，已经到达顶峰位置。因此，物联网的大规模应用也开始加速。未来物联网会进入应用爆发期，边缘计算也将得到更多的应用。

在智能安防领域，除了弥补云计算响应不及时、功耗高的缺陷，边缘计算还满足了安防行业在实时业务、隐私保护与安全等方面的需求。以视频监控为例，在早期的视频监控技术当中，边缘计算被认为是一种视频压缩及加密技术，使用该技术可以减少网络带宽，方便视频数据的传输；随着第五代视频监控时代——视频结构化时代的到来，视频监控产业在完成全城智能监控、动态人脸布控、人脸识别及捕捉等环节之后，如何从海量视频数据中迅速挖掘出关键信息已成为视频结构化时代的关键问题。

为了解决上述问题，边缘计算成为强有力的幕后推手及辅助工具，边缘计算的云、边、端架构可助力数据分层分级的采集、存储、计算和应用，提升基于深度学习的人脸识别等人工智能算法的精准度。同时，作为一个安全高效的计算平台和计算方式，边缘计算在后端支撑着智慧城市网络铺设、传感器装置以及系统平台搭建等一系列步骤，为智慧城市服务行业带来更好的应用体验。

边缘计算可以极大地扩张网络连接的设备量级，与 5G 网络的大规模应用结合将彻底释放物联网行业的潜能。

（三）边缘计算在生活服务业的应用

当前，人工智能不仅可以应用于超级计算机和大型设备，也正成为智能手机和可穿戴设备的一部分。互联网数据中心统计数据显示，到2020年将有超过500亿的终端和设备联网，其中超过 50%的数据需要在网络边缘侧存储、分析和处理，人工智能芯片的发展正在赋予终端设备机器学习能力，无人驾驶、机器人、视频图像处理等越来越多的应用和场景需要在终端进行实时运算处理。风险投资数据公司CB Insights的数据也显示，人工智能发展正在进入"端"时代，包括手机、汽车、可穿戴设备在内的终端都将有人工智能加持。而人工智能的边缘化应用将在智能制造、智能家居、虚拟现实、增强现实、自动驾驶等诸多热门场景中显现。

1.智慧交通

在城市交通监控方面，智能交通将先进的通信技术与交通技术结合，解决城市居民的出行问题。智能交通系统需要对监控摄像头和传感器收集到的海量数据实时进行分析，并自动做出决策，对低时延要求高。随着交通数据量的增加，用户对交通信息的实时性需求也在提高，若将这些数据传输到云计算中心，会导致延时以及带宽浪费，也无法优化基于位置识别的服务。基于智能边缘计算的智能交通技术将为以上这些问题提供较好的解决方案。

在无人驾驶方面，安全性和可靠性是无人驾驶系统或自动驾驶系统中最需要关注的核心议题，也是无人驾驶汽车无法广泛投入商用的关键原因之一。目前，虽然云端具有较强的计算能力，但是如果将实时采集的数据发送到云端处理，再将结果反馈到车载控制系统来实时监测车辆的状态，那么在突发事故中将出现致命的延迟。智能边缘计算利用本地车载端的人工智能处理器对数据进行处理，并利用云端的计算能力，建立车载端数据模型，这样就可以提高事件分析的准确性，以及智能交通系统的安全性。

2.智慧城市

随着智能网联技术的兴起，智慧城市的基础设施建设正逐步呈现物联网化趋势。近年来，智能传感器设备陆续出现在办公室、零售店、工厂、医院等建筑中，形成了智慧城市发展所必备的基础设施。智能化的基础设施可以将自动化操作与空间管理相结合，有效增强用户体验、提高生产力、降低成本、减少网络安全风险，以及节约城市开发的空间、能源、水源和人力等资源。

智慧城市的建设离不开数据信息，城市中的信息源包括静态数据，以及城市车辆和人员的流动、能源消耗、医疗保健等实时数据。要真正实现城市的智慧联动，必须利用不同领域的大数据，进行分析计算、预测、异常情况检测，以便政府采取更早或更好的决策。

与此同时，智慧城市的解决方案存在着数据安全和用户隐私保护的问题，仅靠云计算这种单一的集中处理方式无法应对所有问题。根据智能边缘计算模型中将计算最大程度迁移到数据源附近的原则，边缘计算将在计算模型上层产生用户需求，在边缘进行处理。因此，边缘计算可作为云计算在网络边缘的延伸，对城市数据和个人隐私数据进行高效、安全的处理，帮助政府及时做出决策，提高城市居民的生活质量。

（四）边缘计算对我国数字化转型的影响

从计算机诞生至今，我们经历了单机、个人计算机局域网（PC & LAN）、互联网、移动互联网等几个不同的IT时代（图2-8）。在不远的将来，人类将迎来万物互联（Internet of Everything）时代，我们必须意识到：计算模式的演变也影响着生态规模的扩大。

目前，中国正处于数字化转型的关键时期，所谓数字化转型，是指传统的经济模式向数字化经济发展的过程，是数字技术推动生产力提高、生产方式变革的过程。随着新技术的发展以及传统产业的效率下降，传统产业亟须利用新一代信息技术，打通不同层级与不同行业间的数据壁垒，强化数据驱动力，提高行业整体运行效率，加速数字化转型与升级，构建全新的数字经济体系。

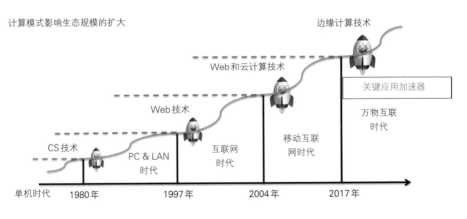

图2-8　计算时代示意图

学术界广义的观点认为，在这一轮新的产业变革中最显著的变化则是将"物"纳入智能互联，实现运营技术（Operation Technology，OT）与信息通信技术（Information and Communications Technology，ICT）的深度协作融合，即最终在万物互联的基础上，挖掘数据价值，提高生产力。简而言之，数字化转型要处理好五对关系：云与端的关系，即云计算与边缘计算的关系；OT与ICT的融合；技术创新与行业应用之间的匹配；人与物，以及物与物之间的关系；既能保证广泛的连接性，同时又能保证所有连接点的安全性。

未来的社会将是数据产生价值的社会。目前，存储在云端的数据只是冰山一角，更多的数据存在于终端设备。而且，数据仍呈爆炸式地增长，云端的计算能力越来越低下，时间效率等已接近顶峰。因此，我们要解决的最重要的问题就是如何让整个价值链上的数据产生最大的价值，也就是要解决价值链各个环节的计算效率、交付能力、安全保障能力等。

边缘计算恰恰能够提升计算的效率、降低延时、提高数据的安全性。这样一来，目前数字化转型中由于云计算过度集中的数据处理模式而产生的各种问题就迎刃而解了。将数据下沉到边缘侧的"微云"进行处理，不仅可以提高效率，还可以推动传统制造业由"硬件思维"向"服务思维"转变。在"边缘计算＋无边界通信"的模式下，每一个智能化的边缘设备都能够实现服务端与客户端的随时切换。

边缘计算将成为数字化转型的关键加速器。在中心化的时代，数字化转型的大量数据由分层式的网络汇聚到云端，再由云端进行分析处理。这种数据处理方式的效率在海量数据产生的时代，将会越来越低下。但是到了边缘计算时代，数字化转型将会由产品型转向服务型，每一个具有边缘计算能力的端，都将能够成为服务提供方，所有的服务者在同一个平面。边缘计算在数字化转型中的应用将推动从产品向服务运营全生命周期的转型，并触发产品服务和商业模式的创新，对价值链、供应链和生态系统的发展产生深远影响，推动其高质量发展。一旦边缘的智能化水平越来越高，它们能够提供的各种"服务"也会千变万化，个性化的创意将会层出不穷，原来没法想象的产品和服务也有可能实现。

未来的社会将会是"服务型社会"，一切皆可成为"服务"。而随着商业模式的不断探索，个性化、定制化的服务需求将会越来越大，边缘计算、无边界通信等去中心化的科学技术将在这一转型中起到关键作用。

（五）边缘计算发展存在的问题

边缘计算的发展引起广泛关注，但是在实际边缘节点的落地部署过程中，也涌现出一些亟须解决的问题，例如应该如何建立适用于边缘计算的商业模式、如何选择参与计算的边缘节点和边缘计算数据、如何保证边缘节点的可靠性等。

1.新型商业模式

在边缘计算场景下，边缘节点分布在靠近数据生产者的位置，在地理位置上具有较强的离散性，这使得边缘节点的统一性维护变得困难，同时也给软硬件升级带来了难度。例如提供安全服务的摄像头，在使用过程中需要进行软硬件的升级，软件的升级可以通过网络统一进行，而硬件的升级则需要亲临现场。依赖于服务提供者去为每一个边缘节点（摄像头）进行硬件的升级和维护会带来巨大的成本开销，而服务的使用者一般不关注也不熟悉硬件设备的维护工作。又如，在CDN服务的应用中，需要考虑CDN服务器是以家庭为单位还是以园区为单位配置，不同的配置方式会带来成本的变化，也为服务质量的稳定性增加了不确定因素，而维护CDN所需的费用，需要考虑支付者是服务提供者还是使用者。

因此我们需要寻求一种或多种新的商业模式来明确边缘计算服务的提供者和使用者各自应该承担什么责任，例如谁来支付边缘节点建立和维护所需的费用、谁来主导软硬件升级的过程等。

2.边缘节点的选择

边缘计算的边缘指从数据源到云计算中心路径之间的任意计算和网络资源，是一个连续系统。在实际应用中，用户可以选择云到端整个链路上任意的边缘节点来降低延迟和带宽。由于边缘节点的计算能力、网络带宽的差异性，不同边缘节点的选择会导致计算延迟差异很大。现有的基础设施可以用作边缘节点，例如使用手持设备访问进行通信时，首先连接运营商基站，然后访问主干网络。这种以现有基础设施当作边缘节点的方式会加大延迟，如果手持设备能够绕过基站，直接访问主干网络的边缘节点，将会降低延迟。因此，如何选择合适的边缘节点以降低通信延迟和计算开销是一个重要的问题。在此过程中，需要考虑现有的基础设施如何与边缘节点融合，边缘计算技术会不会构建一个新兴的生态环境，使现有的基础设施发生革命性的变化。

3.边缘数据的选择

边缘节点众多，产生的数据数量和类型也非常多，这些数据间互有交集，针对一个问题往往有多个可供选择的解决方案。例如，在路况实时监控应用中，既可以利用车上的摄像头获得数据，也可以利用交通信号灯的实时数据统计，还可以利用路边计算单元进行车速计算。因此如何为特定应用合理地选择不同数据源的数据，最大限度地降低延迟和带宽，提高服务的可用性是一个重要问题。

4.边缘节点的可靠性

边缘计算中的数据存储和计算任务大多数依赖于边缘节点，许多边缘节点暴露于自然环境下，不像云计算中心那样有稳定的基础保护设施，因此，保证边缘节点的可靠性非常重要。同时，边缘数据有时空特性，从而导致数据有较强的唯一性和不可恢复性，需要设计合理的多重备份机制来保证边缘节点的数据可靠性。因此，如何借助基础设施来保障边缘计算节点的物理可靠性和数据可靠性是一个重要的研究课题。

五 网络安全

（一）网络安全的意义

网络安全指网络系统不受任何威胁与侵害，能正常地实现资源共享功能。要使网络能正常地实现资源共享功能，首先要保证网络的硬件和软件能正常运行，然后要保证数据信息交换的安全。

网络安全不单是网络层空间的问题，也不单是查杀病毒或者运营商管道的问题，网络安全是"大安全"，涵盖了国家安全、社会安全、基础设施安全，甚至人身安全。网络安全的任何风吹草动都有可能影响整个国家和社会的正常秩序。

当前网络安全问题形势极为严峻。全球互联网已经成为社会的基础设施，现如今人们买东西、打车、订餐都离不开互联网，如果互联网的基础设施和基本服务遭到攻击，那么整个社会的秩序和人民的基本生活、起居饮食都会被打乱。

党的十八大以来，以习近平同志为核心的党中央高度重视、大力推进网络安全和信息化工作。习近平总书记在中央网络安全和信息化委员会第一次会议上强调，"要维护网络空间安全以及网络数据的完整性、安全性、可靠性，提高维护网络空间安全能力"。在网络安全和信息化工作座谈会上，他再次指出"网络安全和信息化是相辅相成的。安全是发展的前提，发展是安全的保障，安全和发展要同步推进"。网络安全工作涉及面广、专业性强，发展专业化、高水平的网络安全服务，是提升整体国家网络安全能力的非常重要方向之一。

网络安全是实现网络强国战略的四梁八柱之一，网络安全服务业则是网络安全事业前行的基础，为网络强国目标提供技术、人才、资源的支撑。网络安全服务业能力水平关乎整个国家网络强国战略实现的进程，是能否实现弯道超车的重要因素之一，而在这一过程中，网络安全服务机构能力的建设是基础中的基础。

（二）网络安全的发展现状

近年来，各类网络威胁不断加剧，带动了市场对网络安全产品和服务需求的持续增长；同时，大数据、云计算、人工智能、移动网络及社交媒体的快速发展给信息系统架构带来了巨大变化，网络安全建设迎来新的发展空间，网络安全服务业得到了快速发展。

1.创新型网络安全服务企业迅猛发展

在网络安全上升为国家战略之后，网络安全服务业迅速发展，在"大安全"产业链上，创业型企业开始走向专业化、精细化。创业者从自身的一技之长和市场需求出发，通过小步快走的产品不断满足市场的发展需求。随着行业生态的不断成熟，如何用好、用活行业内部资源，在行业内部形成精准、细分的专业分工，并在不同环节之间形成无缝对接，这可能是未来网络安全服务业的最佳发展形态。

2.非传统安全服务机构谋定后动

大型系统集成经验丰富的公司，随着服务领域用户的安全意识及安全需求的提高，逐步介入网络安全领域。信息化建设和网络安全建设同步规划、同步实施的政策性要求，已不再停留在策略上，而是成为信息化建设的必要条件。

行业应用型机构将行业的业务应用与网络安全进行有机融合。这一趋势在政府、能源、金融等关键信息基础设施行业的网络安全保障中尤为明显，尤其是在细分专业领域开展网络安全服务研究和实施工作，占领熟悉行业业务的优势，将网络安全保障工作开展得更细致化、更专业化。

3.大型互联网企业多措并举，铆足干劲涉足网络安全服务

在"互联网＋"成为国家战略的情况下，网络安全发展顺势而为。传统安全企业加速投资并购，丰富产品线并弥补市场空白；小型企业发挥技术优势，聚焦于细分专业领域；国内互联网龙头企业加强安全领域的布局，打造更安全的互联网生态。无论是互联网巨头还是网络安全领域的龙头企业，目前都是通过投资收购、并购等多管齐下的方式进行安全战略布局，弥补自身在相关安全垂直领域的空缺。

4.大而全的安全服务企业与小而专的安全服务企业差异并存

当前，新技术新应用层出不穷、创新发展，为全球的网络安全市场带来了新的需求。网络安全服务业细分子域众多，完全依靠内生长效率相对较低，通过并购方式为代表的外延发展能快速地进入新的子领域，同时进行优势互补，发挥协同效应。另外，由于社会上对网络安全服务的单点化需求，一大批企业体量较小、单项技术服务能力突出的企业也得到市场的认可，出现大而全的安全企业与优势特色明显的中小规模企业差异化并存的情况。

5.网络安全服务存在的问题

网络安全服务强调"符合性"，缺乏"有效性"判断：网络安全已经上升为国家安全的一部分，关键信息基础设施的可靠性和安全性与国计民生密切联系。多个关键信息基础设施行业依然强调信息系统安全的"符合性"，而忽视了服务的"有效性"评估。忽视信息系统间的差异性，会降低对信息系统风险的识别度，从而引发重大安全隐患。信息系统的安全可靠是网络安全保障的终极目标。过分强调"符合性"的结果，往往会使系统安全服务流于形式。

目前，网络安全服务机构存在的主要问题有：网络安全服务企业的管理体系落地性较差；缺少网络安全服务机构专业人才；网络安全人才总量远远不够；网络安全服务资源参差不齐，瓶颈效应明显。

（三）网络安全服务在生活服务业的应用

近年来，以网络购物和网上服务为代表的新型消费释放出巨大潜力。

新型消费已成为我国经济发展的新动能，广大企业转型发展拥有更广阔的市场空间与前景。经过几年蓄势发展，以线上消费为代表的新型消费已在国内消费市场具备良好"土壤"。随着城乡物流配送体系的不断完善、人们对网络购物接受度的提高、第三方支付工具的飞速发展、网购用户数量的持续增多，中国网上购物市场的发展速度持续加快，数千家购物网站应运而生。

由于互联网技术的先进性、复杂性、变化性，一些不法商家利用网络进行欺诈。在网上发布商品信息十分容易，并且成本较低，一些不法商家趁机发布虚假的商品内容，或者美化图片，甚至大量发布虚假广告误导消费者，待消费者发现上当后，不法商家已经转移或者关闭站点，使得消费者被侵权后却无法维护自己的合法权益。这就亟须购物网站为消费者提供网络安全服务，打造新的消费场景，切实保障消费者的合法权益。

除了网络购物之外，网络打车、网上订餐等也存在着较大的安全隐患。例如，打车途中以及订餐过程中，用户的住址、电话等个人信息的泄露，损害了用户权益，这也需要打造安全的网络环境，提供网络安全服务，提升网络安全服务质量，保护用户的权益，使人们的日常生活得到切实保障。未来，随着网络安全服务的逐步改善、提升，网络安全在生活服务业中也将拥有更加广阔的应用场景和应用前景。

（四）网络安全服务的发展趋势

网络安全服务机构的服务能力由技术、资源、管理等综合因素构成，它直接影响国家网络安全服务水平和网络空间治理的工作成效。所以，提高网络安全服务机构的能力建设需要政府、网络安全服务需求方和网络安全服务机构等一致努力。

1.构建全方位、立体式的网络安全服务保障体系

网络安全是保障国家安全、社会稳定的关键。服务机构应该依据服务对象、国家法律法规和相关行业标准的特点，结合本机构的实际情况建立具有全面性、及时性、稳定性的机构网络安全服务保障体系。网络安全服务保障不能完全依靠安全产品，也不能停留在"三分技术，七分管理"的概念上，应建立以风险分析、策略制定、设计、实施、维护、改进等环节构成的闭环控制的网络安全保障模型。基于网络安全保障模型，采取技术、管理、基础资源等安全保障措施，开展适合服务对象的具体安全服务，将风险控制到可接受的范围和程度，从而实现业务发展的安全使命。

建立高效、健全、可执行的网络安全管理体系。避免体系建立与应用割裂，让体系运行的理念深入人心，只有全体员工熟悉理解标准，才能自觉主动地按标准及工作程序去执行，建立的体系才能有效运行和趋于完善。

构成网络安全服务机构能力的因素不仅是技术、管理，还有对基础安全服务资源能力的提升。在安全服务过程中，人是安全服务资源最重要的环节，应该建立人员能力提升机制，对安全服务人员进行内部和外部培训，不断提升技能；安全服务工具的安全可控，避免使用开源、未经安全性验证的安全工具等。基础安全服务资源构成了满足网络安全服务安全需求的基本要素，发挥了作为在网络安全服务过程中支撑技术、管理等要素的作用。

2.加快配套法律法规与战略政策的部署落地

《中华人民共和国网络安全法》发布实施后，我国在网络安全和网络

安全法律、法规领域前进了一大步，是我国网络安全服务行业发展的重大助推力。针对网络安全法的实施，我们要加快建立更加细化的配套法律、法规措施，使网络安全服务行业在法律的框架约束下健康、稳步发展，使网络安全服务机构在法律的规范下得以提升安全服务能力、输出高水平的安全服务。

针对目前存在的问题，政府要尽快推出行之有效的网络安全服务相关标准及行业规范，从政策、标准层面对网络安全服务进行标准化的定义，对安全服务需达到的服务水平进行相关基线的定性、定量等的指标。加大对各方、各领域的标准和规范的宣传与推广工作，建立有效的机制，便于收集标准及规范使用中的意见和建议。

加快国家对网络安全专业人才战略的落地实施。政府、企业、高校和社会都应引起高度重视，大力创建网络安全科技人才健康成长的外部环境，加快人才培养的步伐，改革人事分配制度，营造优秀人才脱颖而出的社会环境，快速有效改变网络安全科技人才短缺的现状。将《国家网络空间安全战略》中"实施网络安全人才工程，加强网络安全学科专业建设，打造一流网络安全学院和创新园区"落到实处、落在关键处。网络安全服务机构内部还需进一步重视人才培养和人才奖励机制的建设。合理调配和使用人才，加强人才梯队的科学化发展。挖掘网络安全优秀人才、留住网络安全专业特才，进而为人才的科学发展搭建良好的孵化平台。

3.网络安全服务需求方及第三方机构亟待建立科学的服务评价体系

网络安全服务需求方通过供求关系来促使网络安全服务机构提升能力。它们结合本行业、本单位业务特点建立科学的网络安全服务能力评价方法。一是对满足本单位网络安全服务需求负责，二是对网络安全服务提供机构的能力提升发挥了重要的市场"风向标"作用。

无论是网络安全服务需求方还是第三方机构，在建立网络安全服务机构能力评价方法时，必须意识到机构网络安全服务能力不是由技术、管理、硬件基础资源等因素中的任何一方面能独立决定的，而是由以上因素共同决定的。第三方机构作为网络安全服务机构服务能力的评价方，更应该建立科学的、行之有效的评价体系，为行业做出公正、公开、公平的评价结果。服务能力的评判不应该是"符合性"的，而应该是"有效性"的。第三方的评价结果直接影响网络安全服务机构的市场效应，从而影响机构对自身服务能力提升的推动，影响服务需求方对安全服务机构的选择。

网络安全服务需求方也可以通过与第三方共同合作，以评价体系共享、评价结果共享的方式获得适合的网络安全服务机构，这样利用市场供需、第三方综合评判双重因素的构建，推动网络安全服务机构能力的提升。

随着国家战略政策的扶持和市场需求的扩大，我国网络安全服务得到空前发展，未来前景可观。在这样的大趋势和大背景下，网络安全服务机构的能力水平将直接影响到网络强国战略目标的实现、网络空间治理工作的成效以及社会的长治久安、民众的安定福祉。未来，不断强化网络安全服务机构能力建设是我们国家网络安全事业发展中至关重要的关键环节。

第 三 节 　 生活服务业的智能化

　　生活服务业走向智能化，是大势所趋。智能化反映信息产品的性能属性。一个信息产品是智能的，指的是这个产品能完成有智慧的人类才能完成的事情，或者说已经达到人类才能达到的水平。智能通常包括感知能力、记忆与思维能力、学习与自适应能力、行为决策能力等。所以，智能化也可以定义为：使对象具备灵敏准确的感知功能、正确的思维与判断功能、自适应的学习功能、行之有效的执行功能等。

　　智能化科技能更好地连接商户与消费者，真正帮助餐厅、酒店、电影院等生活服务行业的商户，让他们通过大数据洞察消费者的兴趣偏好，做出优质产品以满足消费者需求，提升运营效率。利用智能化科技，还可以对城市消费、民生消费等方面进行大数据挖掘，为政府决策以及社会治理提供帮助。无人便利店就是生活服务业智能化的具体体现。

▌ 一 大数据

（一）大数据的概念和特点

大数据是指无法在一定时间范围内用常规软件工具进行捕捉、管理和处理的数据集合，是需要新处理模式才能具有更强的决策力、洞察发现力和流程优化能力的海量、高增长率和多样化的信息资产。大数据具有类型繁多、数据价值密度相对较低、处理速度快、时效性要求高等特点。

目前大数据随处可见，包括餐饮、娱乐、金融、电信、能源、体育等在内的生活服务业领域都已运用了大数据。正确妥善利用大数据技术，将推动生活服务业进 ·步发展。

（二）服务业大数据发展的现状

总体上，物联网、云计算、大数据、移动互联网等新一代信息技术的普及应用有利于高效整合资源，为服务业转型升级和创新发展创造条件。但由于历史、技术、体制等多方面原因，当前服务业与大数据智能化融合发展中，仍然存在诸多痛点、堵点、卡点。

一是大数据和智能化管理基础建设薄弱。信息大数据基础设施建设以及核心运营平台建设，是实施以大数据智能化为引领的创新驱动发展战略行动计划的物质基础。尽管我国信息产业发展取得了突破性进展，但在信息化基础建设方面还有一些差距，体现在光纤到户端口占比、平均接入速率、固定宽带家庭普及率、移动宽带用户普及率、IPv6用户在互联网用户中的占比、累计服务器支撑能力等六大主要指标方面。

二是行业大数据生态系统尚不完善。行业大数据生态系统是大数据智能化的源头活水，具体包括数据采集、数据存储、数据分析和处理（过滤、脱敏、加密、建模、多粒度认知计算、可视化）、数据资源布局、数据行业应用、数据流通、数据交易（大数据交易中心）、增值数据（衍生）服务等方面。目前，在国外发达国家和国内发达地区，服务行业大数据生态系统基本处于加速建设阶段和互联互通阶段。

三是智能化技术的规模化应用滞后。受制于通用芯片设计技术、软硬件标准化和行业发展瓶颈制约，智能化技术的研究应用和推广普及滞后于其他行业和领域的智能化应用。而智能化技术在服务业的应用场景广阔，比如人脸识别技术，可以大大提高大型商业综合体的管理效率和能力。

四是模式创新动力不足。随着互联网的快速发展，服务业的发展模式发生根本性、颠覆性的变革。比如，在物流领域，"互联网＋电子商务＋现代物流"的模式正在取代原有模式，"物联网＋人工智能＋全供应链管理和运营"模式将是未来的发展趋势，行业横向合作也主要趋向"共享、共创、共生"。但在传统商贸流通行业，由于思想不解放、认识不到位，对如何以大数据智能化来引领商贸物流业创新发展，无论是政府管理部门还是行业市场主体，都存在看不起、看不见、看不懂的现象，缺乏应有的积极性和动力。

五是全面风险管理体系尚未建立。世界500强在进行大宗商品国际贸易操作的时候，优先进行的是风险评估。遵照ISO 31000和COSO风险管理体系框架等国际标准，通过建设完善的风险管理体系，进行风险目标设定、业务数据采集、风险数据提取、风险事件识别、风险量化（风险敞口计算）、风险评估和分析、风险预警、风险对冲（规避）计划／指令／策略制定与实施、风险管理效果评估与绩效考核等。通过这一系列复杂的全面风险管理体系，国际大型商贸物流企业往往能够有效规避风险。比如，目前商贸物流企业进行全面市场风险管理的企业凤毛麟角，与国际标准相比较落后，急需补强这一短板。

六是缺乏专业高端人才。无论是大数据还是智能化，无论是研发设计还是应用和实践检验，无论是传统模式还是先进模式，都需要高端、复合型、专业型、智慧型的人才。虽然大数据智能化有一定的人才基础，但是高端的、领军型人才仍然处于极度缺乏状态。

（三）大数据引领生活服务业创新发展的政策建议

以大数据智能化引领生活服务业转型升级，大幅提高生活服务业发展质量和效益，既是时代大势所趋，也是现实问题倒逼。针对存在的问题和不足，建议政府管理部门和市场参与主体携手并肩，通力合作，聚力基础设施、环境优化、生态体系构建、人才培育、模式创新等，重点关注生活服务业的金融、物流、旅游、商贸、餐饮住宿等五大领域，集中资源，精准施策。

1.加快推进实施四大工程

一是信息化基础设施建设工程。针对生活服务业信息化水平滞后的现状，加快推进信息基础设施的供给侧结构性改革，实施一批重点项目，提高信息基础设施的整体水平，尤其是针对5G网络的升级和改造，应提前布局和谋划，力争不输在"起跑线"上，实现并跑甚至领跑。

二是行业大数据平台建设工程。参考现有的政府基金运作模式，成立一支财政注资、国企为主、社会参与的大数据产业发展基金，重点建设生活服务业信息公共平台、电子商务交易平台、供应链金融服务平台等公共平台或中心，加快建设互通互联、共享共治的大数据生态系统。可以考虑适时成立"生活服务大数据交易中心"，实现更高的层面和业态上的顶层设计。

三是风险防范和管理体系建设工程。针对互联网时代风险产生的无界性、穿透性、叠加性、不可预测性和难以控制性，要将行业发展和风险防范一体重视、一体建设，加强监管体系队伍建设，探索监管模式创新，建立完整的可识别、可预测、可追溯、可控制的风险防范和管理体系。特别要结合中央高度强调的金融风险防范攻坚战，根据互联网金融的特点，实施审慎监管、提高进入门槛、强化牌照管理。

四是专项人才培育和引进工程。参照国内外和各省市的人才计划，针对高端、复合型、智慧型人才短缺，实施专项人才引进工程，在原有政策的基础上，更加注重平台搭建和氛围营造，在团队配置、经营助力、应用支持、创业孵化、产品推广、创投支持、研发投入、股权合作等方面出台优惠政策，打造"近悦远来"的人才环境。

2.抓住引领服务业转型发展的"牛鼻子"，多点发力、定向突破

（1）商贸领域。一是建设智慧商圈。加快搭建中小商贸流通企业公共服务平台，全力打造"线上交易平台＋线下实体体验＋服务网点"的服务网络体系，全面推动智慧商圈基础设施建设、物流服务平台建设、金融服务平台建设，实现商圈与社区互联互通、信息透明，使得服务更加智能化、个性化。二是建设第三方电商平台，重点发展B2B、B2C、C2C、B2G、

C2G、O2O等商业模式[1]。

（2）旅游领域。一是加快旅游综合服务平台。整合升级旅游自动化办公系统、旅游应急指挥调度中心、旅游信息查询和服务平台、旅游诚信评价与监督平台等旅游信息平台，推动智慧旅游主导型及示范型项目建设，加快构建智慧旅游体系，逐步形成数字化、敏捷化、一体化、交互式的旅游发展新模式。二是建立旅游大数据云平台，将旅游景区的数据资源进行整合，形成旅游资源大数据云服务平台，为旅游集团、旅行社、消费者和政府提供综合数据服务，快速实现对消费者、消费偏好、旅游线路、消费种群结构、消费能力、季节影响等诸多统计和分析。

（3）物流领域。一是大力推进商贸物流行业智能化发展。通过建设"互联网＋物流""物联网＋人工智能""区块链＋智能物流"等平台，同时应用人脸识别、智能感知、无人驾驶、智慧云服务、业务全程可视化、射频识别（Radio Frequency Identification，RFID）、芯片感应识别等新技术，实现商贸物流领域智能化应用和升级发展。制定商贸物流智能化应用行业规范，统一商贸物流行业大数据和智能化操作标准。二是打造全供应链管理体系。依托空路、水路、铁路和公路运输，建设从物流业务出发，连接各物流节点的全供应链管理体系。加入国家"一带一路"的宏大发展体系中，发挥各地区的运输成本优势、区位优势和产业优势，建设"一带一路"沿线"供应链物联带"，发挥集散和枢纽中心作用。

（4）餐饮住宿领域。一是依托大数据智能化技术提高监管的有效性。对现有的网上订餐、住宿等公共服务平台进行有效的行为监管及行

1　B（Business）指企业，C（Customer）指消费者，G（Goverment）指政府。

业、质量管理，确保数据的真实性，一方面充分发挥信息开放的积极作用，另一方面有效减少和控制其负面影响。二是利用大数据智能化技术提高营销的精准性。依托大数据智能化技术助力餐饮住宿企业，通过积累、挖掘、分享餐饮住宿行业消费者数据，帮助传统行业分析顾客的消费行为和价值取向，进行精准营销和定向营销，唤醒潜在客户和培养忠诚顾客。三是依托大数据智能化技术提高服务的可及性。积极开发体现区域特色、贯穿管理流程的App，推动订餐、订房、结账等日常服务实现全网办理、全时服务，通过管理流程的再造、更新，提升服务的可及性和便捷度。

总之，大数据和智能化技术在经济社会各领域的应用发展已经成为必然趋势，加强以大数据智能化为向导推动转型升级，十分重要而且十分紧迫。生活服务业应抓紧进行系统性研究和完善生态系统建设，以实现资源利用最大化、管理效率最大化、数据应用最大化，进而推动服务业发展实现质量变革、效率变革、动力变革。

二 云计算

（一）云计算的概念和特点

云计算是一种通过网络以服务的方式提供动态可伸缩的虚拟化资源的计算模式。美国国家标准与技术研究院对它的定义是：云计算是一种按使用量付费的模式，这种模式提供可用的、便捷的、按需的网络访问，进入可配置的计算资源[1]共享池，这些资源能够被快速提供，只需投入很少的管理工作，或与服务供应商进行很少的交互。通过使计算分布在大量的分布式计算机上，而非本地计算机或远程服务器中，企业数据中心的运行将与互联网更相似。这使得企业能够将资源切换到需要的应用上，根据需求访问计算机和存储系统。

云计算具有以下特点。

1.超大的规模

"云"具有相当的规模，Google云计算已经拥有100多万台服务器，Amazon、IBM、微软、Yahoo等的"云"均拥有几十万台服务器。企业私有"云"一般拥有数百上千台服务器。"云"能赋予用户前所未有的计算能力。云计算支持用户在任一位置使用各种终端获取应用服务，所请求的资源来自"云"，而不是固定的有形的实体。应用在"云"中某处运行，用户无须了解，也不用担心应用运行的具体位置。只需要一个手机或一台笔记本，用户就可以通过网络服务来实现所需要的一切，甚至包括超级计算这样的任务。

2.高可靠性

"云"采取计算节点同构可互换、数据多副本容错等举措来确保服务的高可靠性，因此使用云计算会比使用本地计算机更可靠。云计算不单单针对特定的应用，在"云"的支撑下可以构造出千变万化的应用；不仅如此，同一个"云"还可以同时支撑多个不同的应用。云计算时代，用户将不需要安装和升级电脑上的各种硬件，只需具备网络浏览器，就可以方便快

1　资源包括网络、服务器、存储、应用软件、服务。

捷地使用云提供的各种服务。这可以有效降低技术应用的难度，进一步推动网络服务发展的深度和广度。

3.强大的计算能力

云计算为网络应用提供了强大的计算能力，可以为普通用户提供每秒10万亿次的运算，完成用户的各种业务要求。这种超级运算能力在普通计算环境下是很难达到的。

（二）云计算在服务业应用的优势

云计算提供了安全可靠的数据存储，企业在云端存储数据，不用担心数据丢失或病毒影响，这为企业获得更安全的数据管理服务提供了保障。

1.降低企业成本

云计算能大幅降低服务业企业建设信息系统的成本。对企业而言，投资建设计算中心不仅成本较高，而且难以满足服务多元化的要求，也无法和信息系统的快速成长相匹配。云计算的提出，颠覆了传统概念，使终端设备的需求最小化。在云计算的网络中，服务业企业，甚至个人电脑，都可以在这个网络中存储、获得各种资料和信息，而终端只要能够运行浏览器和网络的基本设备就可以。

2.升级服务水平

利用云计算的服务平台还可以提高管理效率和服务水平。用户不必耗费精力去开发相应的软件或者提供相应平台，只需要支付少量的费用就可以实现现代化的信息管理，把更多的精力用在企业的实质管理和客户服务上，既增强了企业的内部管理，又提高了企业的服务水平。

3.减少维护费用

云计算帮助服务业企业降低了运行维护成本。企业不需要建立自己的数据服务中心，只需要定制相应的服务，由云端或者云服务商提供需要的服务、基础架构、软硬件资源等即可，可以减少软硬件的运行维护费用，节约成本。

4.提高资源利用率

云计算提高了资源利用率。在云计算模式中，许多企业共用相应的基础架构，由云计算提供更强大的管理机制，可以实现网络虚拟环境中的最大化资源协同和共享工作，从而大大提高了服务业在国际上的竞争力、生存力。

（三）云计算在生活服务业的应用

如今，云计算已经从纸上蓝图发展成为实实在在的大产业，革命性地将大数据、大服务、大宽带、大平台绑定在一起，孕育着广阔的产业变革，深刻改变着信息产业发展格局以及我们的工作生活方式。云计算在生活服务业的应用也越来越广泛。

1.在线办公

云计算技术出现以后，只要有互联网的地方都可以同步办公所需的办公文件。同事之间的团队协作也可以通过基于云计算技术的服务来实现，使办公不受地点的限制，办公方式更加便捷。在将来，随着移动设备的发展以及云计算技术在移动设备上的应用，在线办公将会更便捷，更智能化。

2.地图导航

以前，GPS还未问世时，我们每到一个新的地方，都需要购买当地的地图。如今，得益于基于云计算技术的GPS，我们只要携带一部手机，就可以拥有一张全世界的地图。甚至还能够得到地图上得不到的信息，例如交通路况、天气状况等。地图、路况这些复杂的信息，并不需要预先装在我们的手机中，而是储存在服务提供商的"云"中，我们只需要轻松地在手机上操作，就可以很快地找到我们所要找的地方。

3.云音乐

音乐在我们的工作、学习、生活中占据着一席之地。对手机以及其他数码设备而言，存储问题始终存在，我们有时会因容量不够而不能听音乐。云音乐的出现解决了这一问题。云计算服务提供商的"云"承担了存储的任务，用户不用下载音乐文件即可轻松享受音乐的盛宴。

4.电子商务

电子商务现已渗透到生活中的方方面面，人们足不出户就能轻松买到自己心仪的商品。电子商务不单应用于生活中，企业之间的各种业务往来也越来越依赖电子商务。这些看似简单的操作过程，背后往往涉及大量数据的复杂运算。当然，这些过程对于用户来说是不可见的，这些计算过程都被云计算服务提供商带到了"云"中，用户仅进行简单的操作，就能完成复杂的交易。

5.搜索引擎

现在的搜索已经不仅仅是一个提供信息的工具。云计算技术赋予了搜索引擎更加强大的信息处理能力。我们的生活离不开搜索引擎，当我们遇到解决不了的问题时，可以使用搜索引擎找到解决途径；当我们要去旅游时，搜索引擎也会帮我们安排好一切。搜索引擎已经越来越像一个生活管家，使我们的生活更有质量，更加高效。

（四）云计算的发展趋势

受网络规模和资源协调的限制，目前主要是由几个大公司倡导和实施云计算，并且大部分应用于商业目的，极少数针对服务业的项目也仅仅使用了公司的计算资源。如果直接采用现有的云计算方案，虽然短期成本低，实施简单，但是原有服务业资源的移植和企业原有计算能力的处理将会成为主要问题。所以在现有的服务业网络上部署云将是一种可行的选择。云计算在服务业中的基础设施建设可建立在虚拟化、网格计算或二者结合的基础上。网格计算指的是多个计算机同时处理一个问题的计算模式，处理的往往是需要大量计算资源、需要访问大量数据的问题。它是一种分布式的计算模式，通过将网络上的计算机联合起来组成一个大型处理中心来完成大型计算任务，这样就可以将服务行业内部各个企业之间现有的硬件建设利用起来组建网络，对现有行业资源进行面向服务的封装或者改造，建设新的提供基本应用服务的计算和数据中心。同时建设虚拟的云接入点，

让不同的服务业企业都能以最快的速度登录到云上。图2-9所示为云计算
生态环境系统。

图2-9 云计算生态环境系统

目前云计算还没有标准统一的实现方式，在现有的服务业网络上进
行基于云计算的资源整合还存在困难。尽管有各种各样的问题，作为整合
服务业资源的有效手段，云计算必然会在行业内的网络上占据越来越大的
比重。

云计算是集成了大量资源的高效运行模式，在数据存储与处理中具有
极高的应用价值，所以在企业中有着广泛的应用，应用云计算技术能够改
变服务业运营模式、降低系统成本、提高管理效率、提高资源的利用效率，
对现代服务业的信息操作产生了划时代的影响，必将推动服务业信息系统
的发展。

▌三 新一代人工智能

（一）新一代人工智能的发展

人工智能的迅速发展将深刻改变人类社会生活、改变世界。为抢抓人工智能发展的重大战略机遇，构筑我国人工智能发展的先发优势，加快建设创新型国家和世界科技强国，按照党中央、国务院部署要求，国务院于2017年7月8日印发并实施《新一代人工智能发展规划》（国发〔2017〕35号）。

我国发展人工智能具有良好的基础。国家部署了智能制造等国家重点研发计划，印发实施了《"互联网＋"人工智能三年行动实施方案》，从科技研发、应用推广和产业发展等方面提出了一系列措施。经过多年的持续积累，我国在人工智能领域取得重要进展，国际科技论文发表量和发明专利授权量已居世界第二，部分领域核心关键技术取得重大突破。语音识别、视觉识别技术世界领先，自适应自主学习、综合推理、直觉感知、群体智能和混合智能等初步具备跨越发展的能力，中文信息处理、生物特征识别、智能监控、工业机器人、服务机器人、无人驾驶逐步进入实际应用，人工智能创新创业处于活跃期，一批龙头骨干企业加速成长，受到国际上的广泛关注和认可。加速积累的技术能力与海量的数据资源、巨大的应用需求、开放的市场环境有机结合，形成了我国人工智能发展的独特优势。

同时，我们也要清醒地认识到，我国人工智能整体发展水平与发达国家相比，在基础理论、核心算法以及基础材料、元器件、关键设备、高端芯片、重大产品与系统、软件与接口等方面仍存在一定差距，缺少重大原创成果；科研机构和企业尚未形成具有国际影响力的生态圈和产业链，缺乏系统的超前研发布局；适应人工智能发展的基础设施、政策法规、标准体系亟须完善。

面对新形势、新需求，我们要主动求变应变，牢牢把握住人工智能发展的重大历史机遇，紧扣发展、综观局势、主动谋划、把握方向、抓住先机，引领世界人工智能发展新潮流，服务经济社会发展和支撑国家安全，带动国家竞争力整体跃升和跨越式发展。

（二）新一代人工智能对生活服务业的影响

1.人工智能为生活服务业提供了可靠、稳定的数据基础

人工智能的实现和发展是基于大数据的，因为大数据具有数量庞大、数据类型多样、数据处理速度快等特点，将大数据技术移植到人工智能上来，生活服务业就能从更加广泛的范围内收集有用的信息，并借助人工智能的数学模型、关联算法等技术对收集到的信息进行筛选、加工和处理，最终获取的信息可以作为行业改革、经营创新或投资决策的重要依据。

2.人工智能促进了生活服务业企业盈利模式的革新

人工智能的应用，不仅改变了传统服务业的业务流程和经营模式，而且还为生活服务业创造了更多的盈利点。依托人工智能，生活服务业企业能实时动态监测和管理目标市场及自身的经营状况，不但能使企业更好地抢占市场先机、调整市场战略、提高盈利水平，而且也能够使企业及时发现潜藏在市场或内部的经营风险，最大限度地保障盈利，杜绝经营损失的发生。

3.人工智能为生活服务业的互联互通提供了便捷的渠道

随着网络的互联互通程度越来越高，依托人工智能技术，生活服务业可以延伸和扩展的网络也向广域和纵深发展，一方面可以将世界范围内的消费用户联系到一起，另一方面也可以使行业信息的分享和传递变得更加快捷。

（三）新一代人工智能在生活服务业的应用

提供现场服务的组织越来越能感受到最大限度提高员工生产力和效率的压力，以便他们在首次尝试时就把每一份工作都做好，通过提高生产力和遵守服务等级协议合规性让客户满意，同时降低成本。人工智能恰恰实现了这一点。人工智能支持预测性现场服务，能够预测服务需求，并相应地自动调整业务流程。图2-10所示为新一代人工智能的应用场景概览。

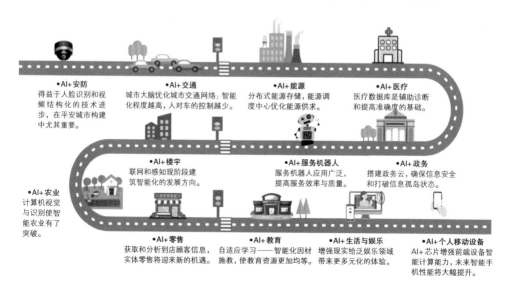

图2-10　新一代人工智能的应用场景概览

1.家居服务

智能家居主要是借助物联网技术，通过智能硬件、软件系统、云计算平台构成一套完整的家居生态圈。用户能够远程控制设备，设备间能互联互通，同时进行自我学习等，来整体优化家居环境的安全性、节能性、便捷性等。目前，智能家居趋于场景化，如娱乐场景、睡眠场景、医疗场景等。丰富的智能家居产品在多个不同场景中能为人们提供更舒适、便捷、节能的人性化居住环境。

2.金融服务

人工智能的产生和发展，一方面提升了金融机构服务的主动性、智慧性，有效提高了金融服务效率；另一方面提高了金融机构的风险管控能力，为金融产业的创新发展带来积极影响。人工智能在金融领域的应用主要包括智能获客、智能客服、大数据风控、身份识别、金融云等。未来人工智能将持续带动金融行业的智能应用升级和效率提升。

3.零售服务

人工智能在零售领域有着十分广泛的应用，大大改变了人们购物的方式。无人便利店、无人仓/无人车、智慧供应链、客流统计等都是热门方向。通过大数据与业务流程的密切配合，人工智能可以优化整个零售产业链的资源配置，为企业带来更多效益，提升消费者的体验感。在设计环节中，机器能提供设计方案；在生产制造环节中，机器能进行全自动制造；在供应链环节中，由计算机管理的无人仓库能对销量以及库存需求进行预测，合理进行补货、调货等；在终端零售环节中，机器能做到智能选址，优化商品陈列位置，同时分析消费者购物行为。

4.交通服务

大数据和人工智能可以让交通更智慧，智能交通系统是通信、信息和控制技术在交通系统中集成应用的产物。通过对交通中的车辆流量、行车速度进行采集和分析，可以对交通实施监控和调度，有效提高通行能力，简化交通管理，降低环境污染等。

人工智能还可以为我们的安全保驾护航。比如说人们长时间开车会产生疲劳感，若不注意休息，容易发生交通事故，而无人驾驶则很好地解决了这个问题，能减少交通事故的发生。无人驾驶系统还能对交通信号灯、汽车导航地图和道路汽车数量进行整合分析，规划出最优交通线路，提高道路利用率，减少堵车情况，节约交通出行时间。

5.安防服务

安防领域涉及的范围较广，小到关系个人、家庭，大到与社区、城市、国家安全息息相关。目前智能安防类产品主要有四类：车辆分析、人体分析、行为分析、图像分析。在安防领域的应用主要采用图像识别、大数据及视频结构化等技术，在公安、交通、楼宇、金融、工业、民用等领域应用较广。

6.医疗服务

人工智能在医疗领域广泛应用，从最开始的药物研发到操刀做手术，利用人工智能都可以做到。眼下，医疗领域人工智能初创公司按领域可划分为八个主要方向，包括医学影像与诊断、医疗风险分析、医学研究、药物挖掘、健康管理监控、精神健康、虚拟护士助理以及营养学。其中，协助诊断及预测患者的疾病已经逐渐成为人工智能技术在医疗领域的主流应用方向。

7.教育服务

利用图像识别技术，能实现机器批改试卷、识题答题等；利用语音识别技术，能纠正、改进发音；而采用人机交互技术能够实现在线答疑解惑等。人工智能与教育的结合能在一定程度上改善教育行业师资分布不均衡、费用高昂等问题，从工具层面给师生提供更有效率的学习方式，但是目前还不能对教育内容产生较多实质性的影响。

8.物流服务

物流行业通过利用推理规划、智能搜索、计算机视觉以及智能机器人等技术在运输、仓储、配送装卸等流程上已经进行了自动化改造，可基本实现无人操作。例如，利用大数据对商品进行智能配送规划，优化配置物流供给、需求匹配、物流资源等。

（四）人工智能应用于生活服务业所面临的问题

新一代人工智能的发展，为生活服务业的创新发展提供了诸多机遇，但就目前的情况看，我国新一代人工智能的发展和生活服务业对人工智能的应用程度处于较低的水平，在发展过程中还存在着一些问题。

1.对人工智能与生活服务业的融合缺乏总体规划

当前，对于生活服务业如何更好地与人工智能进行融合，实现生活服务业的创新发展，还没有清晰完整的总体规划，导致人工智能在生活服务业中的地位和作用并不清晰，目标愿景与现实规划严重脱节。

2.依托人工智能的数据平台建设相对滞后

真正意义上的人工智能是一个以数据平台为依托的智能、数字化系统，但是现阶段我国生活服务业对人工智能的应用更多地表现为对某个单一产品或技术的应用，多数生活服务业企业及从业人员对人工智能的认识不到位，认为人工智能只是一个程序或一个设备，所以与人工智能相关的数据平台建设比较缓慢。数据平台建设是为了能够更好地进行数据的采集和处理，为人工智能的应用奠定基础。如果缺乏数据平台，人工智能就难以发挥其作用和价值。

3.人工智能资源区域分配的差异较大

我国不同地区的生活服务业发展程度不一，不同区域内的人工智能技术资源分配也不平衡。究其原因，一是与地方政府的执政理念有关。一些地方政府尚未关注和重视人工智能技术的应用。二是与区域经济发展水平有关。经济实力较强的区域更容易接受人工智能等前沿技术。三是与人工智能的现阶段发展水平有关。虽然目前人工智能这个名词已经传遍了大街小巷，但真正应用人工智能技术的企业并不多，各领域各行业对人工智能的认识和了解还不够深入、全面，接受和应用程度不一。

（五）生活服务业应用新一代人工智能的创新发展路径

当前，人工智能技术的应用和普及已经成为各行各业发展的一种趋势。各级地方政府与现代服务业应牢牢把握历史机遇，客观辩证地看待行业发展存在的问题，着眼于制定长远规划，不断加强人工智能数据平台的建设力度，促进区域人工智能技术资源的合理分配。

1.加强人工智能与生活服务业的整体规划

任何一个行业的创新发展都需要以完善的整体规划为前提。对此，应尽快制定基于人工智能的生活服务业整体规划。首先，要将人工智能技术的发展及应用提升到战略高度，加强人工智能与生活服务业的融合，提高生活服务业的信息化、智能化水平。其次，找准生活服务业的关联产业，如IT产业、物流产业、通信产业等，制定协同发展规划，为生活服务业的创新发展提供保障。另外，政府应该从政策的高度支持生活服务业中人工智能的应用，通过出台相关政策，鼓励并引导生活服务业企业应用人工智能技术，实现创新发展。

2.完善人工智能数据平台建设

对于数据平台建设滞后的问题，政府应加大资金投入力度，引导生活服务业做好人工智能系统平台的构建与完善。第一，有选择地参考其他行业的数据库及数据平台建设经验，建设具有数据集成、存储、挖掘、分析、可视化等功能的行业数据共享和应用平台。在日常经营中，除了要提高数据信息的收集、分析能力，还要加强对数据库的更新与维护。第二，要提高企业内部的人工智能化水平，实现各部门互联互通，减少信息获取成本，实现企业内部的数据共享，提高各部门的工作效率。第三，充分利用与人工智能领域相关的各类前沿技术，从庞大的信息科技群中甄选出符合企业自身业务性质和需求的信息技术，并将物联网、云计算等技术与自身服务数据库的构建结合，进一步增强数据平台的收集、分析和处理能力。

3.促进人工智能技术资源的合理分配

针对我国不同地区存在的人工智能资源分配不均、生活服务业发展水平差别较大的现状，建议政府出台专门针对人工智能技术的资源流动机制和生活服务业的人才交流机制，促进人工智能技术和生活服务业人才在不同区域内的流动，以强带弱，促进人工智能技术资源相对缺乏地区的发展。除此之外，也可以充分发挥行业协会的作用，组建区域间的"人工智能发展协会""生活服务业发展联盟"等，促进不同区域间的交流与合作。另外，对于经济发展相对落后的地区，考虑到其现阶段应用人工智能、发展生活服务业还存在一定的限制因素，建议其依托当地的自然生态环境和地域文化特色，有的放矢地引入一些现代信息技术，发展乡村旅游、电子商务等具有当地特色的服务业，从而扬长避短，实现创新发展。

人工智能时代已经来临，生活服务业正在发生着日新月异的变化。生活服务业要想实现创新和可持续发展，就应该及时转变传统发展观念，促进经营运作模式的革新，牢牢把握信息化时代人工智能科技发展的机遇，推动生活服务业经营模式的优化、服务内容的更新、产品质量的提升等，使人工智能真正成为生活服务业创新发展的推动力。

第 三 章　生活服务业的
　　　　　科技化应用

　　生活服务业向数字化、网络化、智能化发展，是推动生活服务业结构
转型、完善生活服务业功能的重要路径。在这一过程中，人工智能、物联
网、区块链、大数据、5G等信息技术在生活服务业的各个领域广泛应用。

第一节　信息技术在生活服务业的应用

　　未来，信息技术将会渗透到生活服务业的方方面面，如房地产服务、物业服务、教育培训服务、健康服务、家政服务、体育服务、养老服务、文化服务等，让我们的生活变得更加舒适、便捷。

一　房地产服务

　　新一轮科技革命和产业变革浪潮方兴未艾，特别是以人工智能、物联网、区块链、大数据、5G为代表的信息技术正逐步迈入房地产行业。房地产服务因其自身特点，将逐渐成为创新科技争夺的重要领域。首先，房地产具有场景优势，从智能家居到智慧社区，再到智慧城市，无一不与房地产有关。其次，房地产具有平台效应，房地产上下游产业链较长，是众多硬件产品的整合应用平台。

　　因此，未来房地产服务将拥抱科技，与科技紧密结合、深度融合，并实现"双向赋能"：房地产为科技提供应用场景，科技为房地产增加新的内涵和附加值。

（一）大数据技术重塑房地产的规划与开发

研究表明，大数据的特征和决策方式与房地产开发"以人为本"的决策本质有着高度的协同性，大数据技术有助于房地产的开发，尤其是"智慧城市"的规划。中国工程院院士、同济大学副校长吴志强曾经采用以大数据为基础的人工智能推演技术，成功为上海世博会进行选址和设计，为全世界贡献了"智慧城市"的经典规划案例。10年来，吴志强院士及他的团队收集了13810座城市的大数据，并用"智慧城市"的机器学习方式训练"城市狗"（City-Go，城市走向），用1975年至2005年的30年样本数据来"喂"它们，让它们推演2005年至2015年的城市发展趋势。当推演数据准确度达到99%时，这些"城市狗"模型得以顺利"毕业"，开始真正预测未来15年的城市变化，包括人口分布推演、产业空间推演、城市形象推演等。未来，随着科技的发展，大数据还将继续为"智慧城市"的建造注入源源不断的活力。

（二）数字化流程颠覆房地产的设计与建造

数字化流程可以改变传统的房地产设计建造过程。通过大数据中心，管理者可以随时调取无人机航拍的施工现场画面，扫描二维码即可进行VR全景观看，工程进度、施工现场人员数量、实时环境监测数据等均可清晰呈现（图3-1）。此外，可基于建筑信息模型（Building Information Modeling，BIM）平台建立三维建筑模型，通过虚拟建造减少实际施工过程中的变更。同时，基于大数据搭建面向公众的智慧精准展示窗口，将物理建筑和数字建筑关联，通过电脑或手机，用户就可以看到现场建造的实况。

此外，每个构件里都可内设芯片或张贴二维码，让建筑有了"身份证"和"说明书"，手机扫码后可显示生产厂家、制作日期、规格、重量、运输、安装等全部信息，实现全工序全过程的大数据管理。

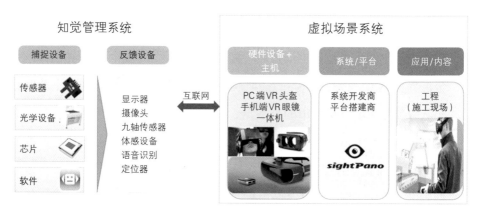

图3-1　VR观看施工现场

（三）智能化物联改善房地产用户体验

人工智能、数字化的解决方案可以推动生活和办公环境的智能化升级，让生活和办公空间更舒适、更智能。比如，停车场可以识别用户的汽车，并据此指派电梯到用户所去往的楼层。一出电梯，灯光与温度已经按用户的喜好调好，这些都将会是未来的生活和办公体验场景。因此，房地产服务商可以开发一个应用程序，将移动软件与传感器、分析与其他技术相结合，利用位于建筑物各处的物联网传感器，帮助使用者控制各种设备。例如，如图3-2所示的智能办公软件除了能够控制温度、照明和预订会议室，还能把包裹直接送到员工的办公桌。

图3-2　智能办公软件的功能

▌二　物业服务

随着房地产行业的持续发展以及我国经济社会的高速运转，人民生活水平不断提高，与之对应的是更高品质的服务要求。物业服务与人们的日常生活紧密相关，成为影响人们选择居住环境的重要因素。好的物业服务能满足居民对设备、环境和居住房屋的日常服务需求，提高居民整体生活水平，还能对小区后期保值、升值产生较大影响。物业服务品质的提升，能推动社区建设良性发展，从而营造出和谐温馨的家园氛围，打造舒适、温馨、人性化的社区。

随着人民生活条件的改善，物业服务应当打破原有的传统模式，向更为人性化、科学化、科技化的现代物业转型。现代物业服务包含了新兴服务内容和服务理念，以及自身行业结构的升级。通过信息化手段，物业方可以积极采取多平台方式与业主沟通，及时并设身处地了解业主所需所想，以最快的速度响应业主提出的问题，使物业方与业主沟通更深入、更丰富，以此不断更新和完善物业服务机制。

（一）无人机开创物业服务新时代

全面提升物业服务品质，可以借助科技化力量，提供社区服务保障。无人机作为一种飞行工具，具有高空、远距、灵活便捷等作业优点，这使得无人机在各行各业得到了普通应用。现如今，无人机及无人机应用技术越来越成熟。

在物业巡航过程中，有些小区因为面积大、树多，人工巡逻有难度，难免有部分人力巡逻不到的地方。这些存在安全隐患的地方，进行人力巡逻不但需要耗费大量的精力，而且效果不佳。无人机可以完美利用自身轻便娇小的特点，突破地形的限制，自动巡航、自动清晰拍照，甚至可以做到在夜间拍摄的图像也非常清晰，大大节省了人力。另外，无人机可以把园区巡逻从二维提升为三维，协助园区安保人员及时掌握全局，弥补路面静态监控摄像头的不足，大大增强了动态管理的机动能力，提升了园区安全系数。可以说，无人机以其24小时不间断对小区的各个角落进行监控，以及360°无死角巡逻的全新智能化手段，能更加迅速和敏捷地发现园区内出现的突发情况，方便园区管理。此外，无人机在物业服务中可用于高楼外墙三维模型建立、高楼外墙玻璃破损鉴定、日常大面积物业和超高建筑外立面巡查。根据巡查结果，物业方可以制定清洁、维护和抢修等解决方案。

（二）人工智能助力智能化物业服务

　　智能化物业服务的一个重要方面是智能家居。智能家居如智能安防、智能门窗、智能能源、智能灯光、智能客厅娱乐等，都可以加载人工智能技术，使得家居更智能，满足人们的生活需求。

　　除智能家居外，小区环境中的门禁、安防、清洁、物管等也可以应用人工智能技术，如门禁系统、安防布控、清洁绿化、无人清洁车、宠物管理、小区商业管理、人员出入管理、停车场管理、车辆出入管理和智慧社区服务等。例如，无人清洁车可以解决小区物业劳动强度大、清扫成本高、清洁存在死角的痛点。无人清洁车每小时可清扫4000平方米，相当于8名环卫工的工作量，且成本相较于人工更低。此外，无人清洁车可以夜间作业、多次清扫、不留死角，可承担园区特定区域的无人作业清扫服务。

　　此外，基于人脸识别、语音识别等底层人工智能技术，房产开发者还开发了门禁/道闸/门锁人脸识别、智能对讲机、智能电梯、智能停车等功能，这意味着业主可以直接刷脸出入和使用设备。这些功能结合远程控制识别方案，还可以给访客、快递、外卖等提供更便利的服务。智能门禁系统方便物业快速录入业主信息，最大程度降低了管理难度；对业主而言，可以通过手机录入人脸信息，也可以在手机端添加亲友信息，等钥匙、问密码等现象将不复存在。借助人脸识别技术，物业方可以将人脸认证落地到道闸、门禁、电梯、停车场等场景，在小区内有着十分丰富的应用场景。

（三）区块链构建物业服务新生态

区块链技术是一揽子技术，去中心化信用机制是区块链技术的核心价值之一。具体来看，区块链的颠覆性价值至少包括以下五个方面：降低交易双方的信用风险；减少结算或清算时间；简化流程，提升效率；提升透明度和监管效率，避免诈骗行为；增加资金流动性，提升资产利用效率。

"区块链＋物业"技术迭代升级，应基于智慧物业管理平台的成果继续深化与融合。智慧物业管理系统是利用信息技术来感知、整合、存储、处理、分析、预测、响应物业服务各个环节中的关键信息，提供智能化响应和辅助决策的一种解决方案。智慧物业的发展建立在信息化和数字化的基础上，运用到了人工智能、物联网、云计算、大数据、移动互联网、智能感知终端等关键技术。

智慧物业建设带来了诸多问题，例如安全问题、信息孤岛问题、数据流通流程复杂分析处理效率低、数据采集以被动采集为主和用户参与度不足等。因此，有必要推动区块链技术在物业服务行业的应用，主要原因如下：

一是区块链的加密机制可确保终端安全。每一个终端设备都将拥有自身的公私钥对，区块链系统通过智能合约来维护一张终端身份名单，并审核该设备是否有权接入节点并将数据上传，从而避免了恶意终端的接入和数据污染，提高智慧物业系统建设的安全性。

二是区块链打破了智慧物业系统的数据孤岛。区块链尤其适合跨企业和跨系统之间的数据共享，在不改变原有系统的情况下，将各系统原始数据或数据指纹上链流通。数据的共享一定要实现区块链的身份核验，与载波聚合（Carrier Aggregation，CA）技术的融合将原本匿名化的区块链转变成可信区块链，能够实现更加精准和定向的服务以及管理模式。

三是区块链能够为边缘计算保驾护航。边缘计算是提高智慧物业系统处理时效的有效手段，但边缘计算的设备安全性、维护和建设成本、准确性等问题导致其无法大规模普及应用。区块链分布式数据存储机制和点对点网络拓扑结构能够与边缘计算较好地融合应用，将边缘设备作为区块链系统中的轻节点，不参与全网共识，能够减少外界对区块链系统的攻击。

三　教育培训服务

教育问题始终是国家发展的重中之重，随着信息技术的不断发展，教育行业也进入科技化发展的新时代：鼓励社会资本参与教育信息化发展；建设覆盖全国各级各类学校、教师、学生等基础信息的系统；充分利用优质教育资源和先进技术，创新运行机制和管理模式，整合现有资源，构建高效、实用、先进的数字化教育基础设施等。

在教育领域，第四次产业革命的影响日渐凸显，以人工智能、物联网、大数据、云计算、AR/VR等为代表的信息技术在教育领域的应用越来越广泛。因此，在社区设置一个AR/VR教育培训教室可以给家长省去来回接送孩子的时间，让家长免于奔波；同时，因为是在社区里，孩子的安全也有了保障。另一方面，用AR技术赋能教育，除了能让抽象的学习内容形象化、可视化，还能让学习的知识更加情景化，帮助孩子理解课程并掌握知识点，极大地激发孩子学习的兴趣，提高学习效率。

国家工信部指出，正积极考虑将5G、集成电路、生物医药等重点领域纳入"十四五"国家专项规划，进一步引导企业突破核心技术。这将有利于推动超高清、AR/VR终端等技术的研发及产品化。教育培训服务可以借助AR/VR的力量，通过减少掌握复杂主题所需的时间来帮助不同能力的学生。这是一种将想法变为现实的有效方式，让学习者可以看到某些东西具体是如何运作的，让学习到的知识点更容易理解、更难忘记，也可使学习更具互动性、趣味性和有效性。例如，在地理科目学习时，可以用AR/VR设备呈现火山爆发的3D模型，教师可以打开详细的横截面来讲解每个元素，邀请学生标记火山的每个方面。在物理科目学习时，AR/VR设备可以让学生身临其境地探索太阳系，360°探索行星，甚至可以停下来在火星表面漫步。在生物科目学习时，学生可以利用AR/VR设备虚拟种植，直观地了解植物生长所需的各种条件以及生长习性。

另外，还可以将教学场景和5G结合，利用5G网络大宽带、高可靠、低延时等特点，在直播课堂现场用全景摄像头进行360°拍摄，通过5G网络教师授课场景等优质教育资源进行实时传输，通过AR/VR设备，社区内的孩子仿佛置身于课堂中，亲身体验了穿越时空的教育。

未来，在社区内搭建一个如图3-3所示的AR/VR教室，可以让教育培训脱离时间、地点、固定课程的限制。结合5G、人工智能、AR/VR等新技术，为社区的孩子们提供远程互动教学、沉浸式体验教学、虚拟操作培训等多种业务，带给他们不同的课堂体验，可以激发孩子的学习兴趣、唤

图3-3 AR/VR教室

起他们的学习热情、提高他们的学习效率。

除了社区的 AR/VR 教室之外，业主在家里也可以借助智能教育机器人来培养孩子的学习兴趣与学习习惯。智能教育机器人采用云端数据库，同步全国各个阶段教材，拥有海量教育资源，实现人机对话100%逼真，应答及时，能听会说，能存会算，有望替代教育培训机构，帮助孩子在家轻松、高效地学习。

四 健康服务

（一）生理健康服务

2019年6月25日，《国务院关于实施健康中国行动的意见》（以下简称《意见》）发布，这是国家层面指导未来10余年疾病预防和健康促进的一个重要文件。依据《意见》，我国成立了健康中国行动推进委员会，并发布了《健康中国行动（2019—2030年）》。党的十九大报告中提出："人民健康是民族昌盛和国家富强的重要标志。要完善国民健康政策，为人民群众提供全方位全周期健康服务。深化医药卫生体制改革，全面建立中国特色基本医疗卫生制度、医疗保障制度和优质高效的医疗卫生服务体系，健全现代医院管理制度。加强基层医疗卫生服务体系和全科医生队伍建设。全面取消以药养医，健全药品供应保障制度。"

随着居民健康意识的增强，人们对健康服务的要求越来越高，健康事业也被赋予了更高标准的定义——智慧健康，即利用人工智能、物联网、大数据、云计算等新一代信息技术，将其与当前人们的健康需求结合，让技术为健康事业搭建"基石"。因此,在互联网时代,推动健康事业朝智慧方向发展,是满足党和国家的发展需要、顺应市场需求、符合人民希望的,这也是未来健康事业的发展方向。

1.移动医疗云

利用移动医疗云,将区域内的各级医疗机构资源进行整合。按照不同基层医院的需求,帮助医院搭建区域性医联体、医教研医联体、专科/临床专科医联体,打造区域卫生信息平台,打通区域性三级甲等医院、二级医院、一级社区医疗服务中心的数据、业务、信息通道,共享电子病历系统、检验信息管理系统,甚至能够在必要时连线北上广高端医院专家进行诊断,有效连接上下端医院,突破地域限制,实现"大病不出本区""小病不出社区",使患者无须长途跋涉就可快捷享受大医院的同质化医疗服务。

2.远程医疗

远程医疗系统可以满足养老机构的医养结合需求,如图3-4所示为远程会诊、远程监视、远程探视。基层医院可与当地养老机构合作,老人通过手机App与医生点对点咨询,医生利用摄像头和麦克风等手段完成对病人的"望"和"问",沟通病情后,老人可直接预约挂号会诊科室或者医院提供上门看诊服务。

除了远程会诊,远程医疗系统还具有远程监护和远程探视功能。远程监测系统可以自动监控养老院各个房间内老人的详细情况,自动收集和评价老人的体征数据,一旦发现异常及时通知医护人员。利用远程探视系统,医生与家属可以随时随地关心老人,给出最新医嘱,稳定老人情绪,帮助老人加快康复。

远程会诊

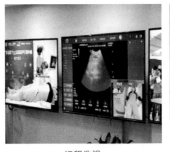
远程监视

远程探视

图3-4　远程医疗

3.大数据建立患者资料库

借助互联网大数据信息平台，医疗机构能建立患者资料库，精准掌握患者的健康状况和经济状况，做好预防、保健、治疗工作。利用区域医院交流沟通系统，构建远程教育平台，高效快捷地远程培训乡村医生，提升县（乡）医疗水平，有助于缩小城乡卫生差距。此外，充分发挥远程医疗的作用，实现重大疾病及时诊断、就近治疗，减小外出看病给贫困家庭带来的负担。

4.5G助力医疗健康

如果说人工智能、物联网、云计算、大数据等信息技术是"高铁列车"，那么5G便是"铁轨"和"路基"。5G高速率、低时延等特性，使医疗方式更便捷、高效。借助于5G技术，医生可以更快地调取图像信息，也可以开展远程会诊和远程手术。由于不再受到地域的限制，偏远地区的医院可以轻而易举地和三甲医院的医生进行视频通话，即时交流诊断情况和手术情况。在监护与护理病人、医疗诊断与指导、远程机器人等领域，5G将助力无线监护和输液、远程实时会诊、远程机器人检查和手术、远程查房等新的应用场景，未来的就医方式将会变得更高效、便捷。

目前我国的优质医疗资源依然处于紧缺状态，城乡之间的诊疗水平差距仍然很大。但是，得益于5G技术的出现，这些问题可能在一定程度上有所缓解。远程医疗模式的创新、应用，可以让更多患者就近享受到高质量、高水平的医疗服务。通过"云医院"，未来医院能够实现跨界医疗、无国界医疗。同时，利用5G技术，在健康管理中心通过"智慧医疗云"可以实现生命周期全过程管理；在本社区范围内，可以实现社区客群健康监测与管理全覆盖。5G与医疗健康进行创新融合，将极大地提升医疗服务质量，让我们在新时代下体验更便利的健康服务。

（二）心理健康服务

人工智能、物联网、云计算、大数据、5G等信息技术在心理健康方面也能给人类带来很大帮助。众所周知，信息技术能检测到导致精神健康变化的行为模式，它能监测人们的生活规律并筛选出早期精神疾病的警告信号。

1. 心理健康服务App

网络、智能手机、个人传感设备、人工智能……技术的进步带来了心理健康服务的变革。目前，帮助人们缓解心理压力的App已经出现，能够在人们感到闷闷不乐、无精打采，或是焦虑担忧无法平静，又或者是无法应对生活中的压力时，即刻帮助人们，做出心理干预。这些App大体都拥有两大功能，一个是实时的评估，一个是心理自助技巧。例如，现在较为成熟的App中，有一个"情绪/健康追踪"模块，可以记录每天的情绪状况，以及睡眠等其他健康状况。一旦App监测到用户近几日的心情比较糟糕，就会指导用户进行一些非常直接、简单的缓解技术，包括放松训练、冥想或是记录情绪背后的想法等。越来越多的App也逐步把一些成熟的、可以结构化的心理治疗方法融入其中，需要帮助的人只要定期根据App的指导，就能学会识别和管理自我情绪，掌握改变不良思维模式的一些实用方法。

图3-5所示为心理学家设想的利用传感设备采集信息的框架，是一个层次化的行为预警系统。第一层是传感器收集的原始数据，第二层是经由算法分析得到的初级行为特征，第三层是进一步分析得到的高级行为标志，第四层是根据行为标志判断处于某种心理问题状态的可能性大小。最底层依靠各类传感器（手机、穿戴式的传感设备等）收集日常活动的各种信息，包括位置、走动情况、手机使用情况、环境情况等。通过一些算法，可以从中抽取某个人的初步行为特征，这样就进入了框架的第二层。比如，如果某个人最近总是在家，活动的地点非常有限，卧床时间增加，入睡时间延后，手机拨出和收到的电话都要比以往少……进一步地，这第二层数

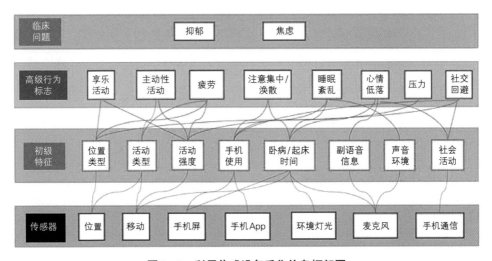

图3-5　利用传感设备采集信息框架图

据可以继续剥离出更高层的行为模式数据，形成一系列行为标志。那么，之前这个人的活动模式反映了什么呢？通过算法的分析，计算机将这个人的行为模式归纳为：各类享乐性活动减少，出现睡眠紊乱，存在社会回避……此时，收集的数据就进入顶层的分析，计算机判断这个人处于抑郁的概率非常大，建议进行干预。

2.精神疾病诊断系统

未来，智能的精神疾病诊断系统也会出现在我们的生活中。精神疾病的诊断除了依赖医生的判断，还会辅以人工智能系统的帮助，甚至是最终判断。IBM公司的研究团队正在研发基于患者的语言分析的智能诊断系统。我们所说的话，所写的字，不仅富含大量的语言学信息，如意义、句法、声调等，更是我们内心状态的一个窗口。不同精神障碍患者的语言特征不同：抑郁症患者的音调低、语速慢、消极词汇多；躁狂症患者的联想快、音调高、语速快；精神分裂症患者的语言内容缺乏逻辑关联，句法结构存在问题……计算机能比人类更灵敏、更深层次、更大量地捕捉到这些信息。向计算机呈现几百、几千、几万例不同患者的语言信息后，通过机器学习，它们能够非常好地学会区分某一语言信息更有可能归属于哪种疾病状态。未来，医生根本不需要患者在诊室才能收集信息。通过便携的装备，医生可以收集患者在日常生活中更为自然的语言活动，实现远程诊断。

3.照料、治疗型机器人

未来，帮助照料，或者是治疗患者的机器人也会出现在我们的生活中。人们对机器人已经不陌生，除了除草、清洁、打扫的家用作业型机器人之外，具备社会互动能力的机器人也早已出现。或许会有人对此类社会性机器人感到担忧，但对于某些疾病的患者而言，却可能是巨大的福音，尤其是对于自闭症患者而言，这些孩子最大的困难就是和人进行社会互动，他们很难理解人们的意图、情绪和指令。有意思的是，科学家发现这些孩子和机器人互动的困难要少一些，因为机器人的行为更简单，更容易预测和理解。这类机器人通常被设计成玩具模样，这样也更容易吸引有自闭症的孩子。机器人具备足够的耐心，它们可以一遍遍地教导孩子怎样和别人点头、握手、识别不同的情绪状态。也许将来，我们可以看到更多的此类机器人走入患者的家庭和生活：和抑郁症患者谈心的智能机器人，提醒痴呆老人各类生活琐事的机器人，陪伴智力发育迟滞儿童的机器人，等等。

▍ 五 家政服务

随着中国经济增长，家政服务业有了长足的发展，但由于起步较晚，仍存在行业发展不规范、有效供给不足、群众满意度不高等问题。当前，我国家政服务业正面临大变革，伴随产业互联网、市场和技术的逐渐成熟，服务日益重要，家政服务人员的角色和价值将被重新定义。家政服务行业已经进入新时代，数字化价值与服务人员价值需要得到充分的展现。互联网对家政服务业的改造正在向家政服务的上下两端延伸，即改变家政需求的生产传播方式、行业的作业方式、组织结构和竞争规则，让服务实现品质化、线上化、可追溯化。例如，近些年来，随着我国居民消费能力的不断增强，二孩政策的实施推进，老龄化程度的日益加深，社会分工的日益细化，育婴育幼、居家养老、烹饪保洁等多样化的家政服务需求呈现刚性爆发式增长，家政服务市场总规模年均维持在30%左右的增速，成为我国经济高速增长的新动力。

（一）家政共享链平台

以区块链技术和大数据技术为支撑，将经营管理体系和运营经验全部输送给中小企业，规范行业发展，共建家政共享链平台。这一平台由招工体系、培训体系、鉴定体系、就业体系和生态赋能体系组成。通过招工信息共享、标准化培训、统一鉴定标准、实施就业管理、与家政上下游企业跨界合作，为客户提供家庭生活服务整体解决方案，帮助平台企业挖掘客户价值，提升家政企业盈利能力。使用区块链技术统一管理系统，共享服务信息，记录交易过程和评价，提供大数据支撑，可以实现充分就业，解决家政行业供需矛盾。

广大家政公司、家庭客户、家政供应商，以及家政服务人员群体都可纳入家政共享链平台。通过家政共享链，家政公司可以共享智能管理系统与数千万的会员家庭，从原来单一赚取中介费到提供家庭服务整体解决方案，也可以共享其他家政公司服务人员，扩编自己的服务队伍；家庭客户可以获得全方位透明的服务人员的诚信信息和标准化服务信息，享受安全、放心的优质服务；家政供应商可以给家政公司带来更多产品选择，共享家政共享链产生的收益和增值。服务人员从原来线下单一接单渠道，变成全国自由行走随时随地接单，从原来单一服务收入变成多品类整体解决方案。

通过家政共享链创新模式，将原本点对点的信息实现互联互通，公开服务人员诚信信息，满足顾客生活服务的刚需，做真正让消费者放心的网约服务平台；共享家政优势资源，提高家政公司效益，与合作企业共赢家政市场；整合招工、培训、鉴定，使就业管理规范化，提供一条龙服务，成就家政从业人员，最终解决家政服务"不规范""找不到""不满意"的行业弊病。

（二）家政服务机器人

除了家政共享链平台，家庭智能机器人也是未来的发展方向。随着人工成本逐年提高，老龄化社会加剧形成，应用于家政服务的智能机器人需求日益增加。用于家政服务的家庭智能机器人可以提供洗碗做菜、端盘、浇花等日常生活服务（图3-6），还可提供家庭安防、环境监测、保姆监控、家人看护、小孩教育等服务。这类智能机器人具备强大的学习能力，能表达情感，可以和人们进行简单的对话，能充当护士、急救医护人员、婴儿保姆；除此之外，还能使用云计算分享数据，从而发展自己的情感能力，但

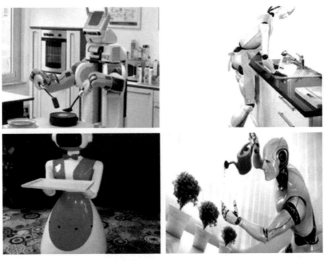

图3-6　家政服务机器人

绝对不会共享主人的个人信息。这类智能机器人具备学习和表达情感的能力,可以和顾客进行简单的交流,还会表演唱歌跳舞,为家政服务行业注入新活力。

六 体育服务

体育产业在满足人民日益增长的美好生活需要方面发挥着不可替代的作用。2019年8月10日,国务院办公厅印发了《体育强国建设纲要》,以此来进一步明确体育强国建设的目标、任务及措施,充分发挥体育在全面建设社会主义现代化国家新征程中的重要作用。2019年9月4日,国务院办公厅发布《关于促进全民健身和体育消费推动体育产业高质量发展的意见》,提出在新形势下,要以习近平新时代中国特色社会主义思想为指导,强化体育产业要素保障,激发市场活力和消费热情,推动体育产业成为国民经济支柱性产业,积极实施全民健身行动,让经常参加体育锻炼成为一种生活方式。中华人民共和国成立尤其是改革开放以来,我国在体育方面取得了辉煌的成就,大力实施体育科技融合是新时代我国体育供给侧改革的客观要求,促进体育服务向科技化发展已经是大势所趋。

(一)智能体育馆

目前,我国已有众多大型的体育馆,但是现有体育馆的功能和管理服务不够完善,体育馆建设的信息化水平整体不高,导致群众对于体育馆的需求得不到完全满足。因此,智能体育馆的建设势在必行。智能体育馆可以体现一座城市的先进性，是智慧城市的一部分。在人工智能、物联网、云计算、AR、VR等先进信息技术的加持下，智能体育馆可以给现场观众提供更好的体验。

智能体育馆可以让观众从不同视角观看场内情况。比如借助设备，坐在最后一排的观众可以享受前排观看的效果，视觉体验得到提升。移动设备还能向观众提供运动员名字，以及最新赛事进程。智能体育馆的数据中心需要处理的数据量大，速度要求高，使用云计算能大大提高计算效率，为人们提供高效优质的服务。另外，还可以应用物联网技术，给走进智能体育馆的每位观众配备一个追踪手表。要是有人走失了，可以利用追踪手表快速准确地找到其所在的位置，这就大大降低了以往人员搜救的人力成本。

（二）沉浸式高科技健身馆

随着生活水平的提高，人们对健身需求的日益加大，越来越多的人为了强身健体、塑造形体、保持良好心态而健身。但是有些训练是在家中无法完成的，或者说在家中达不到最佳的健身效果，于是很多人选择去健身房健身。

借助科技的力量，建设沉浸式的高科技健身馆具有重大意义，它能提升健身的体验感，让更多的人爱上健身，积极锻炼。沉浸式高科技健身馆采用旋转式全屏幕的虚拟投影，让健身者不必再面对无聊的白墙或镜子，而是奔跑在旋转的时光隧道中，或者伴着快节奏的音乐向光影绚烂的前方骑行。可以采用AR/VR技术，为用户定制虚拟健身体验，其中包含虚拟教练和课程，能依据用户喜好定制内容、音乐、环境等内容，为健身房吸引更多的健身爱好者。可以通过人工智能和物联网的运用，规范健身爱好者的锻炼姿势，给出专业的健身方案等。例如用户去打篮球，健身馆可以提供录像功能，通过智能技术生成他一个人的锻炼视频。还可以通过人工智能，分析视频里面存在的动作、跑位等问题，给出技术分析，甚至还可以让不在场的专业教练对他进行远程教学。如图3-7所示为沉浸式高科技健身馆示例。

图3-7　沉浸式高科技健身馆

七　养老服务

因为生活水平提升、平均寿命延长，中国正加速进入老龄化社会，我国人口老龄化趋势加剧。伴随着人口加速老龄化时代的到来，老年人的生活保障不单单是家庭问题，已经转变为社会问题。

随着人工智能、物联网、大数据、云计算等新一代信息技术的发展，科技创新将为应对人口老龄化提供强大支撑。利用先进的互联网、云计算、大数据等新一代信息技术手段，开发面向居家老人、社区、机构的物联网系统平台——智能养老平台和陪伴独居老人的智能系统，通过智能化技术的广泛应用，为老人提供实时、高效、快捷、智能化、物联化的养老服务。

（一）智能养老平台

智慧养老是未来养老产业发展的趋势，互联网与养老体系的结合可以解决养老机构弊端，智能养老平台可以改变传统养老机构服务水平较低、基础设施配备不足、经营模式单一、专业人才稀缺、缺乏市场竞争力等问题。智能养老平台通过缜密的数据采集筛选，在政府养老数据库中构建老人专属画像，通过不同维度的数据精准呈现老人的方方面面，同时结合政府和社区的养老帮扶政策与措施，为每一位老人定制专属的养老方案。

1.医疗保障需求

目前我国医疗资源极度短缺，配套医疗体系不够完善，针对现有国情，智能养老平台推出医养结合服务，很好地解决了老人的医疗保障需求，让老人在家就能轻松享受专家在线问诊，得到专业化的养老服务及医疗服务。智能养老平台会为老人建立健康档案、记录用药情况、发送用药提醒等，还会根据智能床垫、便携式健康一体机等智能设备反馈的血压、体质、血糖等健康数据，进行健康评估处理，一旦健康状态发生异样，系统将接到警报。利用人脸识别技术，老人可以通过刷脸即可进入App，免去了手机上一系列对老人而言较为复杂的操作。进入 App 后，老人可以直接连线专业医生，与医生进行交流，实现远程问诊、远程探视、远程治疗，医生还会进行健康随访。

2.生活服务需求

借助智能养老管理服务平台，老人还可以享受到技术的便利。譬如基于人脸识别技术，老人能通过刷脸完成养老金身份审核，省去手机扫码等对老年人其实并不友善的复杂操作。智能养老管理服务平台通过家庭物联网络和家庭网关与互联网相连，可以随时随地监测老人的身体状况，并为老人及时提供紧急救助、远程监护、健康信息采集、位置查询、防护圈设定、语音提醒、信息推送、家政服务、生活服务和个性化增值服务等丰富内容，让老人享受智慧养老的关怀和服务。利用软硬件结合的设备对老人进行跌倒监测、生理指标监测，并通过监控服务平台主动收集、分析老人当前的状态，并将数据实时自动反馈到智能养老管理服务平台，在老人发生意外的时候可以提供快速而有效的帮助。

3.安全保障需求

为防止老人走失，智能养老管理服务平台会为老人配备智能腕表，实时定位老人的位置。若是遇到紧急情况，老人可以使用智能腕表进行一键呼救。智能养老管理服务平台还会为空巢或独居老人配备烟感器、燃气报警器、防盗报警器、水泄漏报警器、摄像头等，一旦有非法入侵，触动门磁、红外等，报警主机会立即通过无线网络将信号发到平台进行处理。

（二）陪伴独居老人的智能系统

目前，独居老人占了老年人口中很大的一部分，独居老人缺乏亲人的陪伴。因此，可以研发相应的智能系统，将独居老人的老伴或子女的照片、声音、动作，甚至是以前跟他们一起出去游玩时候的视频记录在系统里，老人想念老伴、子女的时候就可以将这些照片、视频调出来观看、回放，还可以借助语音识别系统，与老伴、子女进行简单的对话，让老人觉得亲人一直在身边，增强独居老人生活的幸福感。另外，还可以利用AR/VR/MR（Mixed Reality，混合现实）技术，让独居老人感觉亲人还在身边，一起买菜、做菜、吃饭等，这能有效缓解独居老人的孤独感。

当前，国内养老产业前景光明，市场广阔。智慧健康养老是现代科技与传统产业的创新融合，具有十分广阔的发展前景。借助人工智能、物联网、云计算等前沿技术，以科技创新促进养老产业新旧动能转化，加强智慧健康养老关键技术研发与产品供给，为老年人提供更加智能化的便利生活服务。

▍八 文化服务

随着我国公共文化服务体系建设的日趋完善，在确保人民享有更加均等、便利和基础性的公共文化服务时，也应当充分发挥科技在公共文化服务中的作用，鼓励和支持通过新技术、新应用，尤其是具有文化娱乐、教育、社交功能的互联网技术的广泛应用，使其在公共文化服务中发挥更大的作用。

文化与科技相辅相成、相互促进，科技创新离不开先进文化理念的支撑，科技创新是推动文化产业转型升级、实现高质量发展的有力杠杆。当前，文化与科技的交融日益深入广泛，我国文化产业新业态不断涌现，文化市场主体持续壮大，文化产业体系日益完善，文化产业转型升级取得明显成效。但是我们也不能忽视的是，与发达国家相比，我国文化产业还存在不少劣势，比如：原始创新能力不强，文化创意不多，文化产品缺乏特色；产业发展方式单一，互联网等新技术运用不足，优质文化产品、文化服务供给能力不强；产业体系还不健全，产业链条较短，中高端价值环节薄弱。对此，我们更应该推动文化服务与科技化相融合，让科技更好地服务于文化产业。

在4G时代，公共文化服务已经借助传输速度不断加快的网络，借助一系列直播和小视频产品，借助微信和微博等以社交为主兼有其他应用的综合平台，承担起了越来越多的繁荣公共文化、满足民众文化需求的重任。5G时代的到来和5G核心技术在未来的广泛应用，将会让公共文化服务再上新台阶。人工智能、物联网、虚拟现实等技术的应用，也会为公共文化服务带来革命性影响。要充分借助公共文化服务相关的互联网技术，不断开拓公共文化服务的新机遇，不断优化人民群众在公共文化服务领域的体验。

（一）沉浸式红色主题文化教育

红色文化是战争年代革命先烈用鲜血和生命锤炼出来的一种文化。它是中华民族由弱到强、克服一切艰难险阻，由一个胜利走向另一个胜利的重要法宝。由于现代文化的冲击和西方文化的影响，红色文化传承教育面

临着许多困难和挑战。沉浸式红色主题文化教育通过还原历史某一个片段
和场景,让大家主动参与其中,这样除了能让人产生穿越历史、身临其境
之感,还会加深对红色文化的印象,激发浓厚的兴趣。如图3-8所示为沉
浸式红色主题文化教育示例。

图3-8　沉浸式红色主题文化教育

(二)戏曲文化科技化

中国戏曲是世界艺术遗产中的一份无价之宝,是中华传统文化中的重
要组成部分。通过传统文化与当代科技相融合,借助全息成像、人脸识别、
动态捕捉等手段,运用"声""形""意"美术呈现与动线设计,并配以表
演,可以打造一部动态沉浸式视觉观赏秀,营造一个沉浸式体验的三维戏
曲空间。首先,利用全息技术,可以将舞蹈演员围绕在光影中,给观众带来

视觉的震撼。利用人机互动、全息成像、动态捕捉等技术手段，带领观众走入戏中，在光影错落间向观众展示戏曲。例如，当观众将手放在壁画中的树枝上时，各式各样的花朵便会静静绽放，游船也会缓缓滑动。通过识别技术，当观众走过时，光影中会显出戏曲人物的影子，并随着观众的一举一动变换姿态，观众仿佛成为戏中人。另外，运用虚拟技术可以搭建某一场景的虚拟空间，带给观众强大的视觉震撼。除此之外，还可以将戏曲拍成3D戏曲电影，以一种新形式展现在观众面前，使越来越多的青年接受戏曲、热爱戏曲。利用3D技术可以对戏曲中的角色进行强化和突出，用电影语言把演员的表演聚焦、放大，把每一个角色都生动地展现在观众面前，小到每一个角色的一举一动乃至细微的眼神变化，面部肌肉的抖动，都活灵活现地呈现在观众面前，带给观众更为丰富的视觉体验。

第二节　服务业与产业的融合发展

《中共中央关于制定国民经济和社会发展第十四个五年规划和二〇三五年远景目标的建议》中指出："要加快发展现代服务业。推动生产性服务业向专业化和价值链接高端延伸，推动各类市场主体参与服务供给，加快发展研发设计、现代物流、法律服务等服务业，推动现代服务业同先进制造业、现代农业深度融合。"

服务业与先进制造业、服务业与现代农业和服务业行业间自身深度融合发展，有利于提升中国制造核心竞争力的服务能力，并完善中国制造核心竞争力的服务模式，有助于发挥"中国服务＋中国制造"的组合效应，推动产业协同升级发展，提升服务业各行业的发展质量。

一　服务业与制造业融合发展

（一）推动先进制造业与现代服务业深度融合的意义

中共中央政治局会议于2019年12月13日提出，推动制造业高质量发展，推进先进制造业和现代服务业深度融合。这既是对当前我国制造业和服务业发展问题的准确把握，也为未来制造业和服务业融合发展指明方向。迈进新时代，先进制造业与现代服务业，在产业相融和共生共长中集聚创新发展、引领转型发展、促进繁荣发展，是社会经济实现高质量发展的重要推动力。

先进制造业与现代服务业深度融合是新时代社会经济高质量发展的客观需要。党的十九大指出，中国特色社会主义进入了新时代，我国综合国力不断增强。但我们要清醒地意识到，我国的生产力总体水平还不够高，自主创新能力还不够强，结构性矛盾依然突出。我国现代化产业体系还处于建立健全阶段，传统产业发展面临转型升级，新产业经济发展还不够充分，制约科学发展的体制机制依然存在。站在新的历史起点，党中央、国务院准确把握我国社会主义发展阶段不断变化的特征和历史机遇，以构建现代化产业体系为目标，以供给侧结构性改革为主要方向，推动我国经济由高速增长迈向高质量发展。

在经济发展中，先进制造业是社会生产中的中坚实业，是经济增长的强大拉动力。借助信息技术、科学技术和现代管理理论，现代服务业为社会生产或社会生活提供服务产品，其快速发展的势头已经成为引领产业经济发展的"风向标"。先进制造业和现代服务业已成为现代化产业体系中的重要行业，是推动社会经济高质量发展的动力源泉。因此在产业经济高水平发展的基础上，推动先进制造业与现代服务业深度融合，促进产业共融共生，实现优势互补，形成拉动发展的产业合力，是新时代社会经济高质量发展的客观需要。

（二）推动先进制造业与现代服务业深度融合的难点与重点

迈进新时代，我国经济在先进制造业与现代服务业的快速发展带动下，正奋力走在高质量发展前列。纵观产业经济发展历程，产业融合在双向促进、带动产业经济增长中的作用日益显现。横看产业融合发展中存在的羁绊与掣肘，分析产业现状与特征，剖析产业融合的交会点、重点与难点，对推动先进制造业与现代服务业进行深度融合具有指导意义。

产业融合的交会点是产业共生。从产业经济发展规律看，每一个产业都是一个产业生态，在产业两端分别存在着促进其协同发展的产业生态链条。不同产业之间存在的相关性，正是因某一产业与另一产业在某一产业生态链条上具有"同质性"而产生；产业与产业由此关联，构成产业生态。正如自然界生态中的同种共生，产业与产业的相互融合，交会点是二者能否在"同质性"的产业链条上相互关联，并实现产业共生。由此推演，推动先进制造业与现代服务业深度融合的交会点就是能否促进产业共生。产业相互促进的广度与深度，事关产业融合的实效与质量，也事关产业融合的成败。

产业融合的难点在于互融共进。在促进发展实践的过程中，产业融合的宏观导向在微观层面被分解为不同产业单位之间的业务协同或业务合作，需在产业单位的合作运营中逐步实现。但是产业单位的运营都具有独立性，能否将相互独立的产业单位协同起来，是产业单位业务协同或业务合作成败的关键。在微观经济运营层面，如何从利益分配、工作机制和协同合作上，引导产业单位实现合作共赢，是促进融合的关键。在宏观管理经济层面，推动先进制造业与现代服务业进行深度融合的难点在于实现产业之间的互融共进。

产业融合的重点在于提质增效。从微观经济运行看，产业单位的运营都具有趋利性。不同产业单位开展业务协同或业务合作的成败，重点是能否给双方带来产品质量的提升、业务范围的扩大、明显的经济效益，或者带来科研能力的提升、技术的进步、显著的管理成效。从宏观经济管理看，促进产业融合发展，重点是能否提升产业发展的水平与质量，能否提升产业发展的经济效益与社会效益，能否对社会经济的高质量发展产生拉动效应。因此不论是微观经济运行成效还是宏观经济管理目标，提质增效均是推动先进制造业与现代服务业进行深度融合的重点。

（三）推动先进制造业与现代服务业深度融合的对策建议

近年来，党中央、国务院和习近平总书记高瞻远瞩，相继提出"五大"国家区域发展战略，包括长三角一体化、长江经济带建设和"一带一路"

国际合作等。推动先进制造业与现代服务业进行深度融合，要因势利导，借势发展，为深度融合发展的先进制造业与现代服务业拓展发展新空间，在合作共赢中寻求新突破、谋求新发展。

推动先进制造业与现代服务业的深度融合，要深化改革，释放发展原动力。持续深化经济领域的改革与创新，坚持收回"有形之手"与归还"无形之手"相结合，从管理和放开两个层面，为推动先进制造业与现代服务业深度融合扫清制度的羁绊与掣肘，释放促进发展的原动力。一方面要在宏观层面着重强调发展规划的纲领性作用和产业政策的指导性意见，不断优化政策供给，提升政策组合的施政成效；在微观层面切实减少不必要的行政干预，从市场中逐步收回"有形之手"。另一方面以自由贸易试验区为"发展标杆"，复制推广自由贸易试验区的成功经验，优化营商环境，激发市场活力，提高区域经济创新力，提升竞争力，逐步将"无形之手"归还给市场，运用市场机制解决产业融合发展中的问题。

推动先进制造业与现代服务业深度融合，要整合运用政策资源、生产要素资源、产业发展平台资源，实现借力发展，促进协同发展。一是紧跟产业规划与发展导向，整合运用产业政策、金融服务政策、减税降费措施和区域性发展优惠条款，减轻融合发展的压力。二是依托生产要素流通体系，整合适宜发展的资金、科技、知识产权、人才、信息等生产要素，提升产业融合发展的效率。三是借助经济开发区、产业集聚区、产业园区、产业生态小镇等发展载体对生产要素的集聚优势，在融合发展中主动融入产业链生态，在促进协同发展的进程中谋求新突破、新发展。

科技进步对促进制造业和服务业融合发展有着重大意义，在促进制造业与服务业的深度融合过程中必须积极拥抱新一轮科技革命和产业变革，通过技术创新的手段来推动产业融合发展，加快迈向中高端。

信息技术是促进制造业与服务业融合互动、相互依存、相生相伴的重要力量。近年来，人工智能、物联网、云计算、大数据、移动互联网等新一代信息技术的快速突破和广泛应用，推动了智能制造、创新设计等新的制造模式以及服务外包、电子商务、移动支付等新的商业模式快速发展，飞速推动了制造业与服务业的融合发展。我们要牢牢抓住这一机遇，推动人工智能、互联网、大数据与实体经济深度融合，加快加强在制造业领域中应用先进信息技术，推动制造业延伸发展软件、信息服务、智慧城市、电子商务等现代服务业，推动产业智慧升级。

二 服务业与农业融合发展

（一）现代服务业与现代农业融合发展的意义

现代农业区别于传统农业产业，它指的是农业生产技术和管理方式的现代化。具体来说，现代农业是指利用现代科学技术、现代农业生产设备和最新的农业生产管理手段而进行农业生产的产业，现代科学技术的普遍应用是它最突出的特点。从产业类型上看，服务业与农业是并列于国民经济中的两个产业，但由于改革开放的不断深入推进，服务业在经济体系中的地位越来越突出。而服务业也有现代服务业和传统服务业之分，现代服务业指的是现代科技、信息技术与服务业相结合的新型产物，不同于传统的旅游、饮食等服务产业。从以上两个概念来看，现代农业与服务业的融合涉及了整个农业生产过程的各个环节，利用科学技术手段和服务业来支撑现代农业产业变革，并且服务业为现代农业的发展提供需求保障。

从现代农业与服务业的概念中可以看出，两个产业融合符合当下经济产业的发展要求，其融合特征可以归纳为以下两个方面：第一，农业服务业的发展提高了农业产业的生产力，将市场要素放在生产的第一位，并与农产品市场对接，解决了农产品市场的供需矛盾；第二，以完善的服务产业要素为支撑，将多种现代化信息资源和农业生产相结合，从而加快了农产品的信息流动。

农业是国民经济的基础。基于我国是人口数量大的发展中国家的现状，农业现代化是当务之急，改造和提升传统农业、有效促进现代服务业与农业的深度融合刻不容缓。

（二）现代服务业与现代农业深度融合的重点

现代服务业覆盖面很广泛，必须把准农业对服务业的需求，有的放矢，才能提高现代服务业与农业深度融合的效率和成效。以下五个领域是两者深度融合发展的重中之重。

1.推进农业科技服务

科技服务与农业深度融合是推动传统农业迈向现代农业的有效途径。要充分发挥大城市的科研优势，积极鼓励高校和科研机构参与到都市农业建设中去，建立农业科技联盟，积极创建农业科技服务云平台。云平台将打通农业科技信息服务最后一环，实现移动互联互通，将及时、精准、全程顾问式的科技信息服务提供给广大农民和各类现代农业生产经营主体，从而确保提高农业科技的入户率、到位率，有效支撑现代农业发展。

2.完善农业信息化服务体系

高效且全覆盖的农业信息化服务是实现农业现代化的重要条件，要利用物联网、现代互联网、移动互联网等技术，做好食品安全检测等各个环节。鼓励将物联网技术应用于粮库存储、农户品溯源、农产品流通管理、智慧种植、家畜养殖、水产养殖等（图3-9）各个流程，实现全程智能化、标准化运行，保证每个环节都可被跟踪查询。

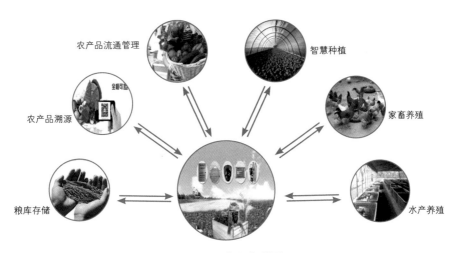

图3-9 农业物联网

3.创新农产品市场流通体系

积极推动以批发市场为中心的农产品市场载体建设，重点发展鲜活农产品物流。依托蔬菜批发市场、农产品配送中心、水产大市场、中冷物流配送中心等鲜活产品市场，重点支持肉禽、蛋奶、水产品、蔬菜、水果等鲜活农产品物流发展，加快推进冷链物流标准化，打造公平公正的冷链物流环境。积极培育市场流通主体，加大培育农业龙头企业力度，提高龙头企业进入大市场的组织带动功能。

4.完善农业标准化服务体系

全面推行农业标准化服务体系，实现"按标生产""凭标流通"。抓紧落实和推行产地准出、市场准入制度，对蔬菜、果品等重要农产品批发市场实行全天候检测监测，做到多部门共同监管、联合执法，以此来保证农产品质量安全。强化标明产品的产地、质量、标准的等级标识制度，以推动完善各基层农产品质量安全检验检测站点为抓手，全面建立起农产品质量安全检测体系和追溯体系。

5.打造各类公共服务平台，探索使用资源集聚和共享的有效方式

农村服务业具备较强的公益性，服务对象的特点是量大、面广，通过构建各类公共服务平台，能够有效地集成资源，并提高资源的使用效率。在各类公共服务平台建设中，各级政府部门都应积极主动发力，起到引导和推动作用。

三　服务业自身融合发展

（一）现代服务业融合发展的意义

现代服务业指的是以现代科学技术特别是信息网络技术为主要支撑，以新的商业模式、服务方式和管理方法为基础的服务产业。现代服务业既包括随着技术发展而产生的新兴服务业态，也包括运用现代技术对传统服务业的提升。

现代服务业是对传统服务业的发展和补充，是融入现代科学技术和管

理手段，结合经济发展的趋势，符合居民消费结构转变的一种新型服务模式，既体现了传统服务业的现代化改革，也包含了新型服务业，因此具备了传统服务业没有的价值和技术性成分，能够实现成长性发展。现代服务业应该从交通运输、邮政存储、金融发展、房地产、IT 行业、科研服务、教育培训、租赁服务和文娱教育等多个方面进行发展，而不仅仅局限于某一领域。

中央经济工作会议指出，要更多借助市场机制和现代科技创新推动服务业发展，促进生产性服务业向专业化和价值链高端延伸，促进生活性服务业向高品质和多样化升级。现代服务业主要包括随着互联网和信息技术的快速发展而蓬勃兴起的新兴服务业，以及采用了新技术、新模式的传统服务业，其本质在于借助先进的互联网和信息技术，拓展新的服务领域，形成新的运营模式、服务方式和组织形式，是具有高技术含量和高增值的服务业。

（二）现代服务业融合发展的措施

现代服务业融合发展，最重要的是深化服务业供给侧结构性改革。当前，我国居民对健康、养老、文化等服务产品的需求旺盛，需要通过供给侧结构性改革，在重点领域寻求突破，以解决制约我国服务业供给的瓶颈问题，全面提高现代服务业的发展水平。

除了深化服务业供给侧结构性改革，还要提高服务业供给质量，促进服务业结构升级。通过互联网技术与生产性服务业、生活性服务业的深度融合，大力推动研发设计、商务服务与数字技术的创新发展，鼓励支持生产性、生活性服务业的新业态、新模式，最终通过创新发展，激发生产性、生活性服务业的内在活力，促进传统产业的改造提升和新兴产业的创新发展。鼓励企业运用人工智能、物联网、大数据、区块链等新技术挖掘用户需求，丰富和细化消费品类；促进无人超市、配送机器人等新业态和新模式有序发展；支持连锁便利店叠加更多服务功能，以完善便捷、智慧、安全的服务体系。总而言之，可以通过大数据和互联网与生活服务业的有机结合，扩大服务的可及性、便利度、舒适度，增强服务消费体验性，提高人民群众的满意度和获得感。

另外，要切实降低服务业相关成本。尽快推进服务行业"营改增"法定化，在税率降低和税收档位合并方面探索新的空间。逐步减少服务业的行政性审批，消减不必要的行政制约，剥离冗余的监管环节，真正建立服务型政府。积极有序开展专业化、社会化的职业水平评价，依据法律法规，进一步取消职业资格许可和认定事项，剥离各种检验、认证、校准、评审等不必要环节。以供给侧结构性改革为抓手，增加特许经营行业的供给主体。严格规范涉企收费，扩大行政事业性收费免征范围，在全国范围内对涉企收费的范围进行明确和规范，减少各类执法中的自由裁量权。

现代服务业的融合发展，离不开服务业全要素生产率的进一步提高。作为衡量经济发展质量和潜力的重要指标，全要素生产率从本质来说是一种资源配置效率。全要素生产率高，则经济发展的潜力足，反之则说明经济发展模式不具有可持续性。要以全面深化改革为突破口，持续不断优化营商环境，激发市场主体活力，强化技术进步在服务业的广泛运用，挖掘服务业的内在发展潜力，提升全要素生产率。

第三节　服务业高质量发展

一　健全服务质量治理体系

21世纪，随着服务经济的发展，服务质量管理这一古老的话题却从未过时。传统的以生产标准为基础的质量观正在被以满足消费者需求为核心的服务质量观所代替，以消费者满意为最终目的的现代服务质量观念正在逐步确立。在同行业竞争日趋激烈的情况下，更多的企业开始意识到，只依靠先进的外部硬件设施是不能长久领先的。可以断定，未来企业的竞争必将是服务质量高低的竞争，服务质量必将是竞争成功的决定因素。众所周知，服务质量是质量管理的核心问题，以服务质量为核心的质量管理应成为新时期企业经营管理的重要内容。此外，随着社会和经济的发展，服务作为重要的管理手段，对提升企业核心竞争力以及为企业带来可观的利润起着越来越重要的作用，而影响服务好坏的一个重要标准就是外部服务质量。

当前，刻不容缓的是要推进服务业质量提升行动，健全服务质量治理体系，改善服务业供给结构和水平，将服务业打造成为经济新常态下的增长强劲动力。一方面要完善生产性服务领域的服务质量标准、提高生活性服务领域的标准覆盖率，另一方面要加快城市化进程中的公共服务质量标准化工作。要强化服务质量标准的贯彻执行，推进国家级服务业标准化试点。要全面贯彻实施质量管理体系要求，引导和鼓励服务业采用国外先进标准，推动服务业标准化、规范化发展。要充分借助市场机制，完善质量与利润正向挂钩机制，推动建立以质定价、优质优价的竞争规则，激发企业质量提升内生动力。联合有关行业主管部门与协会，加强政策引导，完善服务业质量管理体系、质量监测体系、市场监督体系和标准认证体系，助力促进服务业供给侧结构性变革。要充分运用人工智能、物联网、云计算、大数据等信息技术及现代理念，推动服务业态创新、商业模式创新，以创新驱动质量升级。牢牢树立"质量就是生命"的发展理念，引导企业加大质量投入，加强质量管理，增强竞争能力，最终健全服务质量治理体系。要积极利用新技术、新业态、新模式改造提升传统服务体系，向国际标准看齐、提高水平，加快全产业链协同创新、跨界融合发展，力争在现代服务业前沿技术、高端产品和创新成果领域取得重大突破，使服务业在经济贡献、税收贡献和就业贡献等方面实现稳定持续增长。

▎二　提高服务标准化水平

　　服务标准化在生活服务业中有着举足轻重的地位，服务标准化可以提高企业员工的职业化水平，促进企业员工工作的标准化和规范化。同时，服务标准化可以有效提高企业的服务水平，为企业塑造良好的形象，从而提升企业竞争力。

健全服务业标准化可通过建立和完善服务业标准化体系的方式,加快服务质量标准制(修)订和积极利用互联网技术进行实施推广。要继续推进旅游业的旅游商品购物点质量等级、旅游景区(点)道路交通指引标志,物流业的货物仓储、装卸和运输设备、物流信息平台,以及餐饮住宿、健康服务、养老、社区服务、体育服务等服务领域的标准化建设;对不具备标准化条件的行业领域,完善、推进准入资质认定、市场行为规范制度。可以充分运用大数据、云计算等信息技术建设服务业标准化信息共享平台,建立服务业标准化工作试点(示范区),推动行业、地方、企业服务业标准化工作。健全服务业行业建设标准,鼓励行业领头企业积极牵头制定行业建设标准,引领行业整体标准提升。强化服务质量标准的贯彻执行,健全标准化技术服务机构,充分发挥行业协会在标准化活动中所起到的桥梁和纽带作用,为服务业企业提供标准、认证以及标准化推广应用等方面的咨询服务,提升服务业标准化整体水平。

▌三 打造中国服务品牌

首先,要加强服务业品牌和标准化建设,努力打造中国服务品牌。加快服务业标准化、规范化建设,以最快的速度加强服务业名牌产品、名牌企业、名牌行业、名牌区域建设,提高服务品牌高端价值和服务质量。开展服务质量品牌提升行动,深入贯彻服务企业强化质量为先的理念,支持服务业企业提升质量监测和产品全生命周期服务质量追溯能力。紧紧以生产性服务业领域为中心,培育形成一批品牌影响力大、质量竞争力强的大型服务企业（集团），在生活服务业领域，加快培育打造一批精品服务项目和服务品牌。深入开展各省服务名牌认定评审工作，鼓励企业开展品牌创新，建立品牌创新的长效机制。实施服务业标准体系建设工程，继续开展服务业标准化试点示范。加强"中国标准"建设，提升相关产品和服务领域标准水平。推动产业标准体系建设，强化标准信息公共服务。

鼓励和支持服务企业参加品牌价值评价，提高品牌价值和效应。加快服务业聚集区开展全国知名品牌创建示范区和省级知名品牌创建示范区建设，加强服务业地方名牌工作，重点培育一批具有民族地域特色的服务品牌和精品项目。积极鼓励优秀服务企业参加申报"中国质量奖"及各级政府质量奖励，表彰一批拥有自主知识产权、质量效益好、品牌影响大的服务企业。

另外，加大服务业品牌培育力度。完善服务业品牌培育制度，支持服务企业开展自主品牌建设，引导企业注册并规范使用商标、商号，指导和推动企业建立标准体系。由省级和当地政府颁发一定的奖励给新认定的国家级和省级服务业品牌企业。鼓励知名服务品牌企业采取收购、兼并、重组等多种方法做大做强，加快形成一批主业突出、核心竞争力强、品牌带动作用明显的服务业大企业、大集团，努力培育一批具有自主知识产权和服务市场占有率居全国同行业领先地位的品牌服务企业。推动服务业行业品牌和区域品牌建设，通过品牌市场、品牌旅游、品牌会展等专项建设和培育，扩大品牌的影响力，最大限度地发挥行业品牌和区域品牌在品牌建设中的引导作用。

四 加强服务平台载体建设

基于世界经济一体化的趋势以及国际国内市场日益紧密的联系，我国服务业必须在开放中发展，积极创建开放服务平台，加大服务平台载体建设。服务业内涵日益丰富，分工更加细化，业态更加多样，在产业升级中的作用越来越突出，已经成为支撑发展的主要动能、价值创造的重要来源。可以这么说，对于当下而言至关重要的是加快服务业集聚区建设，打造发展平台。

以大数据、智慧城市、云计算、物联网、移动互联网技术为抓手，加大政策扶持力度，加强平台载体建设，培育壮大市场主体，不断探索服务业新业态、新模式，推动服务业新业态、新模式和一、二、三产业融合发展，推动服务业新业态、新模式成为我国服务业发展的主导力量和重要增长点。

要深入贯彻实施企业互联网化提升计划，充分利用大数据推动信息化与服务业深度融合，促进大数据在服务业研发设计、生产制造、经营管理、市场营销、售后服务等产品全生命周期、产业链全流程各环节的应用，分析感知用户需求，发展个性化定制、众包设计、云制造等新兴制造模式。加快加强面向不同行业、不同环节的服务平台载体建设，促进服务业企业和互联网跨界融合，推动物联网、云计算、大数据等技术在全产业链的集成应用，推动服务业变革。

第 四 章　生活服务业的
　　　　　科技化支撑体系

近几年来，随着国民经济的快速发展，我国的经济结构发生了很大变化，现代服务业在国民经济中的地位和作用日益提高。目前我国现代服务业的发展还存在着许多问题，未能充分发挥其应有的积极作用，现代服务业的发展状况远远落后于制造业等其他产业，如何推动和发展现代服务业已成为经济领域的新课题。

第一节　营造公平普惠的政策环境

一　创新财税政策

（一）当前我国服务业发展的政策现状

1. "营改增"对现代服务业的影响

"营改增"的顺利实施在消除重复征税、降低中小企业税负、促进科技创新、优化投资等方面均发挥了积极作用，实现了"营改增"谋一域而活全局、稳当前而利长远的改革初衷。财政部和国家税务总局接连颁布了一系列财税文件和总局公告，构建了对"营改增"全方位、立体式的征管网络。但由于准备时间过于仓促、顶层设计不够缜密、统筹规划欠缺周全，致使"营改增"改革进程中出现若干意想不到的问题。

（1）多档税率不利于管控。现代服务业"营改增"方案中除了对有形动产租赁服务采用17%标准税率之外，其余部分暂定为6%，加上11%、13%等现有税率，导致增值税税率趋于多档化。税率档次过多给税务机关征管工作带来困扰，比如不同纳税人要分别适用不同税率，同一纳税人的不同业务也可能要适用不同税率，很难进行准确划分，此外，税率档次过多还会出现"低征高扣"的情况，引发一些企业虚开增值税专用发票，导致国家税款流失。

（2）一般纳税人认定的标准额较高。"营改增"以500万元销售额作为区别一般纳税人和小规模纳税人的"分水岭"，将一般纳税人认定标准规定为年应征增值税销售额超过500万元且会计核算健全的企业，这与我国原增值税一般纳税人50万元（或80万元）销售额的规定差距悬殊。我国现代服务业以小型微利企业为主体，依据试点方案，大部分企业均无法满足一般纳税人界定标准而只能被划分为小规模纳税人。单从企业由营业税纳税人转变为小规模纳税人税率角度考虑，大部分企业税负确实得以减轻，但置于整个"营改增"视域进行考量，由于上下游企业增值税抵扣链条并未有效衔接，致使税改效果大打折扣。

（3）增值税免税政策的大量使用会扭曲经济活动。为保证税制平稳过渡，《营业税改征增值税试点过渡政策的规定》专门做出对"营改增"试点过渡政策的规定，方法上主要包括免征增值税和增值税即征即退政策，内容上与现代服务业息息相关。但免征增值税政策的规定对于企业而言并不一定有利，根据增值税征税原理，只有当企业面向不需要进项税发票的最终消费者和小企业实施增值税免税政策，才能达到降低税赋的效果。如果增值税免税政策在生产、加工以及批发的中间环节实施，且紧随其后的环节并未实施免税，那么增值税免税政策会导致整个抵扣链条的中断，反而增加纳税人的整体税收负担。

2.企业所得税优惠力度不足

自统一内外资企业所得税制后，我国企业所得税先后制定了一系列促进现代服务业发展的税收优惠政策。但总体而言，关于现代服务业的所得税政策定位不清晰、适用门槛过高、优惠力度尚显不足，主要表现为：一是税收优惠范围较窄，相对于生产制造业普遍享受税收优惠政策，我国对现代服务业税收优惠政策倾斜不够，且主要针对教育、卫生、文化等公共服务事业，对高科技产业支持力度欠缺。二是税收优惠方式单一，新企业所得税法将税收优惠形式区分为税基式优惠、税额式优惠和税率式优惠三种形式，税基式优惠通过缩小税基（即计税依据）的方式减免税收，采用方式包括加计扣除、加速折旧、费用抵扣等。税额式优惠是对纳税人应纳税额的减免，当企业取得收入或利润后享受税收优惠，主要包括减征、免征以及核定减免率等方式。税率式优惠通过降低法定税率的方式给予纳税人优惠。我国目前税收优惠方式以税额式、税率式等直接优惠为主，但税基式优惠方式运用较少，此类优惠形式对传统服务业有一定促进作用，但对资本投入大、经营风险高的高新技术服务业而言，由于其前期处于亏损状态，从而无法享受优惠政策。三是对企业取得财政补贴征税的规定有待商榷，各地政府会通过设立专项扶持基金、给予贷款贴息等手段来激励本地高新技术企业技术创新、集聚发展，但必须同时符合多种条件，才允许企业将取得的财政性资金作为不征税收入处理，除此之外均应于当期纳税。征税为主、不征税为例外的原则不利于鼓励生产性服务业创新发展。

3.对促进新兴产业发展缺乏前瞻性税收政策

政府近年来出台了一系列宏观调控和政策扶持措施，在"互联网+"的技术支撑下，我国新兴产业健康、平稳、有序发展，与现代服务业相关的新兴产业深受其益。以电子商务为例，我国电子商务起步虽晚，但发展迅猛，基于电子商务的商业模式创新为现代服务业中"小微企业"的转型发展、个人创业创造了新的契机和平台，如何制定具有前瞻性的税收政策，以解决目前税收政策分散零星、手段单一、激励效果不佳等问题，是后续加快推进新兴产业发展需要考虑的重要课题。

4."小微企业"税收政策扶持力度有限

"小微企业"是现代服务业的重要组成部分，近些年在减税、降费、免基金优惠政策的刺激下，小微企业有效释放个体活力、激发群体发展潜能，基本实现了中央精准调控、定向发力的政策目标，但在政策执行中仍存在如下突出问题：第一，政出多门、"小微企业"划型标准不统一。"小型微型企业"与"小型微利企业"被习惯统称为"小微企业"，两者存在交叉但仍有区别，国家统计局发布的《关于印发〈统计上大中小微型企业划分办法（2017）〉的通知》，依据企业营业收入、从业人员和资产总额三项要求对不同行业企业进行分类，满足一定条件时被界定为小型微型企业。企业所得税法依据应纳税所得额、从业人数、资产总额三项标准，将工业企业与其他企业中符合一定条件的企业定义为"小型微利企业"，减按20%的税率征收企业所得税。可见不同政府部门由于立场不同、观念差异，对"小微企业"的认知存在冲突，这种冲突严重制约了政府各部门达成共识、形成合力，不利于开展研究与做出决策。第二，企业对政策扶持期望值与政策扶持认知度之间有差距。一方面，在当前经济下行压力大、贷款成本和人员成本无法压缩的情形下，"小微企业"迫切希望减税降负；另一方面，目前我国大部分"小微企业"仍为家族企业，会计人员流动性较大，会计核算与管理制度不健全甚至缺失，对税收政策关注不够，获取信息渠道狭窄，无从获知政策规定。第三，税收优惠形式单一。目前"小微企业"减税措施主要集中于起征点和年应纳税所得额，免征额标准偏低，过半"小微企业"处于亏损状态导致无法享受企业所得税优惠，最终均使减税措施的成效事倍功半。

（二）构建现代服务业健康发展的财税政策体系

1.及时破解"营改增"进程中各类难题

（1）减并税率档次，公平税收负担。《国民经济和社会发展第十三个五年规划纲要》指出，要建立税种科学、结构优化、法律健全、规范公平、征管高效的税收制度，而目前增值税税率档次过多为纳税人进行纳税筹划提供了便利，也扭曲了增值税抵扣链条，违背了发挥增值税税收中性优势的改革初衷。建议在"营改增"全覆盖后的适当时机将减并增值税税率档次提上议事日程，保留13%和17%两档税率，对于国家需要鼓励扶持的行业通过增值税即征即退、先征后退政策或者企业所得税优惠政策予以调节。

（2）降低认定标准，完善抵扣链条。我国此次"营改增"方案中一般纳税人认定标准与改革前相比差距较大，并不符合现实情况，建议降低年应征增值税销售额500万元的认定标准，根据测算结果并综合考虑改革前增值税一般纳税人50万元（或80万元）销售额标准，合理确定一般纳税人认定标准，由此可将全国中小规模纳税人认定为一般纳税人，理顺一般纳税人正常抵扣机制。同时进一步加强对小规模纳税人的管理，通过财政补贴等手段鼓励有条件的小规模纳税人建账建制，或者委托中介机构帮助其完善财务会计核算与管理制度，在金税工程运行相对成熟稳定的前提下将普通发票纳入管理范围，完善增值税抵扣链条。此外，建议对一定规模的小规模纳税人，按征收率全额征收增值税改按增扣税办法征收，使其增值税税负成本延伸至投资、研发等领域，进一步挖掘企业潜力、释放企业活力。

（3）明确"营改增"优惠政策的调整方向。根据财政部《国家税务总局关于全面推开营业税改征增值税试点的通知》（财税〔2016〕36号）及现行增值税有关规定，免征增值税项目按政策用途大致可以分为两类，一类是基础式税收优惠项目，比如针对养老机构提供的养老服务、残疾人福利机构提供的育养服务、从事学历教育的学校提供的教育服务等做出的免征增值税规定，此类税收优惠项目受益对象基本是终端消费者，对增值税中性原则的发挥干扰较少，并能体现增值税作为税收手段发挥社会功能的作用，因此理应予以延续。另一类是个案式税收优惠项目。此类税收优惠某种程度上与税收公平原则相悖，若在中间环节实施更会增加下游纳税人的税负，比如纳税人提供技术转让、技术开发和与之相关的技术咨询、技术服务为例，购买这些服务的纳税人并非最终消费者，而是中间环节的纳税人，最终会造成终端环节价格的上涨。因此在下一步清理、规范增值税优惠政策时，应在适当时机渐次终止此类优惠项目，理顺增值税抵扣链条，充分发挥其税收中性原则，从而扩大现代服务业中纳税人的受惠面。

2.强化企业所得税优惠支持力度

（1）完善税收优惠方式。改变以往以税率、税额优惠为主的直接优惠方式，借鉴国际经验，将税基式优惠、税率式优惠、税额式优惠等方式综合运用，允许亏损向前结转，即用前几年（以3年为宜）盈利弥补当年亏损，普遍推行投资抵免、加速折旧等间接优惠方式。专门建立现代服务业加速折旧机制，在现代服务业中普遍推行现行固定资产加速折旧政策，增加企业更新设备、改造技术的可支配资金,充分发挥税收优惠引导产业发展的优势。

(2)完善税前费用扣除政策,鼓励企业自主研发、技术创新。应进一步完善研发费用加计扣除的政策设计:第一,放宽研发费用加计扣除适用范围,激发现代服务业中小企业的研发投入热情;第二,限制研发项目的重复开发,提高研发活动的效率和质量;第三,着力解决税企之间存疑的问题,比如如何界定"直接从事研发活动"、对研发费用资本化和费用化的认定等。通过上述举措吸引并留住高新技术人才,鼓励企业加大教育投入和科技研发力度。

(3)扩大税前扣除范围。对现代服务企业从当地政府取得的政府补助,规定凡用于研发投入、技术创新等用途的,均可作为不征税收入处理,从企业当期应纳税所得额中予以扣除,从而放宽政策适用条件,使现代服务企业充分享受政府给予的资金支持,解决企业研发投入不足、发展所需资金匮乏的问题。

3.建立新兴产业税收优惠体系

以电子商务为例,电子商务新业态、新情况的出现使纳税义务人、征税对象、征税地点等要素都有了新的拓展,而目前关于该行业的具体政策较少,因此税务部门需要对电子商务的税收管理规范化、制度化,同时给予适当的税收优惠政策。建议从如下几点进行考虑:第一,对个人或规模较小的电商应单独设置网络交易增值税起征点,起征点以下不予纳税。考虑到电商行业利润率较低的实际情况以及税收征管的便利性,建议网络交易增值税起征点不妨定为网络交易月销售额5万元。第二,可借鉴韩国的做法给予小规模电商纳税人相应税收减免优惠,对从事电商交易的中小企业允许在交易额中设置0.5%～2%的收入减免额。第三，在一定期限内允许一般纳税人电商选择按简易征收办法依据3%征收率纳税。第四，对核定征收的电商企业应根据实际情况降低成本利润率，同时与"小微企业"税收优惠政策、个人所得税优惠政策统筹考虑，从而鼓励创业、促进就业。

4.完善"小微企业"税收优惠政策体系

"小微企业"数量多、税收贡献度大、吸纳就业人数多，成为市场经济中不可或缺的生力军，是现代服务业的重要构成部分，因此促进现代服务业发展必须重视运用税收手段扶持与帮助"小微企业"。

（1）统一认定标准，扩大减税优惠覆盖面。与"小微企业"的划型标准相比，无论在从业人数还是在资产总额方面，现行企业所得税优惠政策适用条件都过于苛刻。建议降低准入门槛，消除"小型微型企业"与"小型微利企业"的口径差异，简化和放宽"小微企业"流转税与企业所得税优惠政策适用条件，使更多企业符合"小微企业"身份，进而可以享受税收优惠政策。

（2）科学设置暂免征收增值税标准以及征收率。针对目前对"小微企业"暂免征收增值税起征点偏低的现状，可以进行适当调整，扩大优惠政策的覆盖面。在具体执行优惠政策时应注意以下两点：第一，在充分考虑行业利润率差别、经营特点、国家经济政策等因素的基础上分行业设定起征点，对国家鼓励发展的行业可以适当提高起征点，对国家限制发展的行业可以适当降低起征点，以充分发挥税收调节经济的职能作用；第二，要适当考虑区域经济发展不平衡的现状，对"小微企业"的起征点不宜绝对化、一刀切，应赋予各地税务机关更大的自由裁量权，在政策允许范围内，在科学测算分析的基础上自主选择适合本地发展的优惠标准。

（3）优化纳税服务，简化计算方法。鉴于"小微企业"对政策认知度低、财务人员业务素质不强，税务机关一方面应加强对纳税人的业务培训与政策宣传，另一方面应简化纳税流程与税款计算方法，对纳税申报网页增加即时提示系统，最大化便利纳税人享受税收优惠政策。

▎二　完善土地政策

我国许多地方都在大力推进现代服务业发展和服务业型经济结构建设，这需要有相应的发展空间载体，即土地资源的支撑。然而，由于传统产业发展政策、土地管理政策在产业发展支持上的倾斜，服务业在土地资源方面先天不足。工业用地占用过多，既加剧土地资源的紧张，又挤占服务业发展用地需求，产业发展环境恶化。面对产业发展出现融合的趋势，土地政策尤其是土地用地性质政策面临难题，亟待调整。土地定性应因地区、因产业具有一定的灵活性，以适应产业发展的需要，适应地区发展的需要。

（一）现代服务业在拥有土地资源方面先天不足

与制造业企业相比，现代服务业在拥有土地资源方面服务业先天不足，从总体上看没有工业企业那么大的优势，对于一些新兴服务业企业来说，取得土地资源完全依靠后天自己的努力。历史上，为了支持制造业的优先发展，土地资源支持适当倾斜当然无可厚非。但现在情况正在发生变化，现在我国正致力于大力发展现代服务业，土地政策也应该及时调整。然而，现状是工业企业依然是过多占用土地资源，如许多工业园区的企业占地过多、建筑密度过低，并且还在继续以低价甚至零地价占用更多的土地。即使到了近些年有偿使用国有土地之后，土地政策规定的工业用地价格依然低于商业和办公用地，有一些地方政府为了吸引投资，超低价甚至零地价出让国有土地，依然形成工业企业过度占用土地的现实。

由此造成的结果是，工业企业过多占用土地资源，在目前城市化步伐加快、土地资源需求猛增的情况下，一方面加剧土地资源的紧张程度，造成土地价格过快上升，使服务业发展更加艰难；另一方面，从总体上必然会挤占服务业发展用地需要。最终，当我们要大力发展服务业的时候，服务业不但面临土地紧张，还面临土地高价。

（二）产业融合发展趋势下土地使用定性政策面临难题

现行土地制度规定，国有经营性建设用地划分为商业用地、办公用地、住宅用地和工业用地等类型。商业用地包括商业、金融、保险业用地，既包括独立的商业设施用地，也包括商住、商办、住宅等建筑内部用作商业经营的裙房分摊的土地（不含大卖场等用地），商业用地出让后的使用年限为40年。办公用地主要指经营性写字楼、办公场所用地，出让年限为50年。住宅用地包括多、高层和低层（别墅）等各类住宅用地，用地出让的使用年限为70年。工业用地包括工业、仓储、交通运输用地及其相应附属设施用地，出让年限为50年。另外，除了上述经营性建设用地类型之外，一般还对社会事业用地专列一类管理。

不同类型用地性质的转换都有严格的管理程序，如工业用地要转为商业用地必须符合城市总体规划，并须经过规划部门批准。如符合城市规划可以改变为商业用途的，按照现行土地出让办法的规定，其出让应当通过招标、拍卖或挂牌等方式公开进行，工业用地原使用人和买受人不得自行进行买卖。通常的做法可由工业用地使用人与所在区县的土地管理部门联系，由土地的收购储备机构根据年度收购储备计划安排收储。

从产业角度看，土地用途分为工业和商业服务业，这在产业发展单一、产业之间分界比较明确的前期发展中比较可行。但是，目前的产业发展出现二、三产业交叉融合的新趋势，原先依附于制造业的一些工业性服务，现在规模越来越大、功能越来越强，有的甚至独立形成专业化的服务性企业，如工业设计、营销网络等；而一些服务业也附带有一些物质产品的制造业务，二、三产业之间的界限日益模糊，即出现一些所谓的"2.5产业"。这样，现行的土地定性分类政策面临难题，对一些产业项目无法明确定性，如果定为工业项目，实际操作中会出现管理失控；如果定为服务业项目，不但不利于这些新兴产业的发展，在一定程度上也是不公平的。这种现实情况说明，面对产业发展出现融合的新趋势，现行相关土地政策需要调整和完善。

（三）调整土地政策以支持现代服务业发展

1.创新用地分类标准，明确用地类别

为了适应产业转型升级的要求，建议结合《城乡用地分类与规划建设用地标准》和《全国土地利用现状分类标准》，修订相关城市用地分类标准。在保持国家用地分类标准相对不变的前提下，在规划用地分类中增加研发总部类用地，将研发设计、地区总部、信息技术服务等新型产业用地作为一类。或者，建议在"工业用地"中增加"工业研发用地"类别。工业研发用地为各类产品及其技术的研发、中试等用地，这是借鉴香港用地中

工业用途类别下的"研究所、设计及发展中心"用途。这一做法同样可起到支持重点生活服务业的作用，又可和现有土地分类有效对接，较好地适应生活服务业发展对用地管理的客观需求。

2.强化规划引领，优化空间布局

在总体布局规划编制上，强调集中、科学布局。生活服务业规划布局的编制，建议按城市总体规划和土地利用总体规划，根据区位条件、产业发展基础等，由生活服务业管理部门牵头，首先做好生活服务业发展规划布局，如做好城市生活服务业功能区布局，尤其要积极推动工业用地转型发展生活服务业，整合空间资源和发展要素，构建层级结构分明、功能完整突出、二三产业融合发展，点、线、面有机结合的生活服务业空间发展格局。在控详规划编制中，建议适应生活服务业集聚发展和产业对接的需要，编制好生活服务业园区的控制性规划，尤其要强调土地资源复合利用，增加用地的兼容性。如借鉴英国开发控制管理经验，规划编制应由终极蓝图转向综合性的引导预控，提高规划的动态统筹能力。

3.实施差别化土地政策，加大支持力度

在生活服务业用地供应中，建议实施差别化土地政策，切实提高土地节约集约利用水平，促进产业结构调整、布局优化和转型发展。一是创新新增用地政策。重点在供地方式、地价设定、出让年限等管理政策上取得突破。在供地方式上，对属于依法应当出让的土地，研究是否可以缩短出让年限，或采取租赁方式供应，以降低生活服务业发展的风险和运行成本。在地价设定上，建议实行差别化定价，区别具体的生活服业项目，实行土地合理定价。在出让年限上，按照不超过最高出让年限50年设定，也可以

根据产业周期，采取弹性出让年期，出让年限可分别设定为10年、20年、30年、40年、50年等。二是破解存量用地政策难点。对于原划拨土地上转型发展的生活服务业，在不改变受让人的情况下，建议探索补地价的方式，转变土地用途。对重点发展的生活服务业，建议对土地转型实施土地出让金优惠，如用地性质调整为研发总部类的，土地出让金按照研发总部类用地与普通工业用地评估价差额的一定比例补缴。对于重点支持类生活服务业，在周边配套和相关规划许可的情况下，建议可突破容积率限制。

4.规范用地行为，加强后期管理

为了规范研发总部类用地的使用管理，确保生活服务业项目发展，避免工业地产炒作，按照"鼓励转型、强调自用、绩效评估、限制转让"的原则，建议严格设定研发总部类用地的监督管理政策。重点加强出让合同管理与房地产登记管理的相互协调。一是除园区开发主体（特指全资国有开发主体）投资建设外，项目类的土地不得分宗转让，房屋不得分幢、分层、分套转让，受让方出资比例结构、项目公司股权结构不得变更。二是土地房屋整体转让，须经土地管理部门审核同意。三是房屋出租的，须经园区开发主体审核同意，或由园区开发主体统一出租管理。四是建立产业绩效评估制度。按照预先设定的前置条件，如产业类型、投资强度、销售产出率、税收产出率等指标和履约条款，进行分阶段评估。未通过评估的，如需整体转让土地房屋，只能转让给园区开发主体。重点分析不同生活服务业功能区的土地集约、节约使用指标，在此基础上，进一步研究综合的、有针对性的生活服务业功能区土地利用效率评价指标。

▍三 优化金融支持

金融业的高速发展和金融服务体系健全成熟是促进服务业发展的理想土壤。因为金融业本身就是服务业的重要组成部分，金融业的快速发展本身就意味着对服务业发展的大力支持，而且还表现为金融业发展后对整个服务业的有力支撑。此外，金融深化后的经济结构改观，将会大大提高服务业在国民生产总值中的比重。因此，要发展适合我国国情的服务业，就必须大力发展金融业和加强对服务业的金融政策支持。

（一）当前金融支持服务业方面存在的主要问题

近几年来，我国服务业虽然取得了较快发展，但是与其资源禀赋和经济社会发展的需求相比，无论是规模、结构，还是档次、水平等方面都存在明显的差距。传统服务业仍然占主导地位，如交通运输，仓储业、批发和零售贸易两大行业所占比重仍在45％以上，现代服务业发展明显滞后。这一结果不仅与金融本身发展滞后有着一定联系，还与金融对现代服务业支持的边缘化是分不开的，金融业在促进服务业发展方面还存在许多问题。

一是资金投放与产业发展不对等，对服务业支持的边缘化倾向较为明显。金融部门是国民经济发展中最为重要的资源配置部门，是融通资金、调节资金、聚集资金和配置资金的重要桥梁和纽带，资金的配置情况会对产业发展有直接影响。从当前的资金投放看，对服务业的支持明显不足。

二是金融业发展结构单一，行业发展状况不均衡。目前银行业是金融业的绝对主体。证券、保险、信托投资和其他金融服务行业的发展仍不够充分，占整个金融业的比重也偏低。证券业务品种少，其他金融服务也只是集中于一些小的担保贷款。信用服务中介机构的相对落后也影响着金融业本身的快速发展和对服务业的金融支持。

三是金融创新机制不足，对服务行业的支持不够。目前金融机构服务产品较单一，且缺乏创新能力，因此在获取利润和占领市场上处于被动地位。在融资上，服务业型企业从资产规模、现金流量、经济效益等方面指标不能完全符合商业银行的信贷要求，这制约了服务业的发展。从股票和债券发行来说，股票市场不规范，投机性很强。

四是优化支持服务业发展的环境政策。近年来，我国先后颁布了金融业相关的一系列重要法规，以及符合服务业自身发展的政策法规。但是没有专门适用于服务业或第三产业发展的金融政策或规范。虽然我国服务业较前些年已有了较大的改善，但是还没有适用于其发展的金融政策支持。

（二）加大对服务业发展的金融支持力度

一是培养服务意识，发展现代金融。作为服务业重要组成部分的金融业是经济宏观调控的重要手段，是经济发展的重要保障。努力创造适合金融业快速健康发展的外部环境，遵循金融发展的基本规律，合理调整金融产业结构，不断优化金融产业体系，培育多元化金融产业主体，健全市场化的金融运行机制，力争在较短时间内实现金融业的大发展。

二是深化体制改革，扩大结构调整，加快产品供给。要想建立现代金融服务体系，就必须要深化体制改革，同时加强自主金融服务业的发展。加大加宽金融服务的产品供给，建立高效、创新的市场机制。

三是加强与产业政策协调配合，充分发挥金融对服务行业的推动和支持作用。一是加强政策引导，提升金融服务水平。加大金融机构对新兴服务业的扶持力度。增强证券保险服务功能，允许符合条件的服务企业进入资本市场融资。

四是进一步优化服务业发展的金融支持生态环境。一是要坚定不移地实行和加强有利于促进服务业发展的优惠政策，抓紧修订符合本地金融发展、符合服务业发展的长期政策；对需要扶持的服务产业在成本、经营、管理等方面给予政策倾斜，如采取奖励、以奖代拨、项目资金贴息等方式进行扶持，发挥好服务业引导资金的作用。二是制定促进金融机构发展的若干政策，明确提供相关便利、服务和优惠，吸引国内外金融机构到地方设立分支机构。三是加快建设社会信用体系，弘扬诚信，宣传信用体系作用和范畴，不断营造人人讲诚信的氛围；并尝试建立地区性的金融业服务与竞争公约、企业破产改制办法、逃废债企业公示制度等，加强信用体系建设，保全金融资产，减少行政干预，维护公平公正的法制环境。

四 深化价格改革

（一）推动价格改革的必要性

价格是反映市场供求的信号灯、引导资源配置的风向标。市场规律主要通过价格变动发挥作用。改革开放30多年来，价格改革始终是经济体制改革的关键环节。尤其是《中华人民共和国价格法》颁布实施16年来，价格改革不断深入，目前社会消费品零售总额中约96%的价格已经放开，由经营者自主制定，政府定价范围主要限定在重要公用事业、公益性服务和网络型自然垄断环节。

2019年，国家发展和改革委员会就《中央定价目录》（修订征求意见稿）公开征求意见。根据征求意见稿，修订后的中央定价项目将减少至16项，缩减近30%。这是自2015年发布《中央定价目录》以来，国家发改委对具体定价项目进行的一次全面梳理和修订。此次修订既客观反映了几年来价格改革持续推进的新进展，也能更好地推动政府定价的法治化和定价项目的清单化。

我国在农产品、资源能源、医疗、交通运输等重点领域已经逐步建立起能够反映市场供求变化的价格动态调整机制，实现了让市场在价格形成中起决定性作用和更好发挥政府作用的有机结合。价格市场化程度的大幅提升，有利于充分发挥市场在资源配置中的决定性作用，进一步提高市场配置资源要素的供给能力和效率，同时进一步稳定市场预期，规范市场竞争秩序，保护各方面合法权益。

从更长远的角度看，持续推进和深化价格改革，确保价格改革按照市场决定价格的方向推进，仍然是经济体制改革的重要任务。一方面，我国绝大部分商品和服务价格虽然已经放开，但一些已经放开领域的价格改革仍有继续深化的空间，一些尚未放开的领域也有待进一步按照市场化要求推进改革；另一方面，为实现要素价格市场决定、流动自主有序、配置高效公平，国家对于整个价格水平、价格管理的监管制度水平仍有待进一步完善，这也是提高国家治理体系和治理能力现代化水平的必然要求。

（二）推动价格改革的政策建议

1.完善价格形成机制，服务打造公平高效、充满活力的市场环境

全面深化价格改革，完善主要由市场决定价格的机制，就是要减少政府对资源的直接配置，政府不进行不当干预，让价格真正成为反映市场经济运行的"晴雨表"和"温度计"，大力推动资源配置依据市场规则去实现效益最大化、效率最优化。

一是推进资源性产品价格改革。资源性产品价格改革的目标是建立健全能够反映市场供求状况、资源稀缺程度、环境损害成本和修复效益的价格形成机制。由于长期以来国家对资源性产品价格管制过多，资源性产品的价格水平总体偏低，与其真实价值存在一定程度的背离，但是骤然全面放开资源性产品价格会导致价格全面上涨，同时一些环节、一些领域竞争不充分容易形成垄断，势必对企业和群众的生产生活造成较大冲击。因此资源性产品价格改革应当按照国家和省委、省政府的部署稳步推进，不能一蹴而就。

二是推动中介服务价格改革。中介服务是保障市场经济运行的传动杆，在服务业改革和发展中处于重中之重的地位。为推动中介服务行业改革和健康发展，服务我国经济结构转型升级，要从深化中介服务价格改革入手，推动服务领域价格改革。当然，中介服务价格改革与事业单位、市场准入等其他领域的体制改革存在着密切联系，必须加强政策研究，根据中介市场发育情况，按照市场准入和价格配套改革同步推进的原则，对中介服务收费实行动态监管。

三是完善医药价格形成机制。医药价格包括医疗服务价格和药品价格。由于多方面的原因，目前医药领域还不同程度地存在部分药品价

"虚高""虚低",以及医务人员技术劳动价值得不到应有体现等现象,群众看病难、看病贵的问题还没有得到有效解决。医药价格改革的目标是建立健全政府调控与市场调节相结合、符合医药卫生事业发展规律、能够客观及时反映生产服务成本变化和市场供求的医药价格形成机制。当前主要任务是放开非公立医疗机构医疗服务价格,逐步放开纳入政府定价管理的低价药品价格;赋予公立医院改革新增试点市、县政府在改革期间调整医疗服务价格的权限,加快医疗服务价格调整步伐,促进新型补偿机制的逐步建立,破除"以药补医"的机制弊端。

四是完善价格行政管理制度。《中共中央关于全面深化改革若干重大问题的决定》指出,经济体制改革的核心问题是处理好政府与市场的关系。这就要求尽快完善价格行政管理制度,以转变职能、简政放权为抓手,推动价格管理体制机制的整体改革。梳理政府定价项目,合理界定政府定价范围,进一步厘清政府定价与市场自主形成价格的边界,优化省、市、县三级价格行政管理权限。凡是市场竞争比较充分的,坚决放开由市场形成价格;市场竞争不充分的领域,要创新价格管理方法,通过制定合理的价格,引导市场资源合理流动。

2.实施差别价格政策,服务打造山清水秀、宜居宜业的生态环境

价格改革要紧紧围绕先行示范区建设,创新体制机制,重点实施差别价格政策,通过经济手段激发市场主体清洁生产和节能减排的积极性,促进经济转型升级和生态文明建设。

一是推行环保电价。为了促进生态文明建设和产业结构调整,国家发改委、生态环境部出台了《燃煤发电机组环保电价及环保设施运行管理办法》,为大气污染物总量减排和大气质量改善再出重拳。有关企业应抓好落实，严格执行燃煤机组除尘、脱硫、脱硝和电解铝阶梯电价政策。同时，要配合有关部门继续支持风力发电、垃圾焚烧发电、农林生物质发电等清洁能源项目的建设生产；探索在水泥等重点行业试行综合对标差别电价，对达不到要求的企业实行用电加价；根据耗能企业能源计量在线监测结果，对单位产品能耗（电耗）超标的企业实行惩罚性电价。

二是实施差别水价、气价。要保持山清水秀的生态发展优势，加大实施差别水价、气价力度，稳定基本需求部分价格以保障群众基本生产生活需要，提高过多消费的价格以增强群众节约意识。当前主要是推进城市供水计价方式改革，推行居民生活用水阶梯水价、非居民生活用水超定额累进加价制度；对列入高耗水、高污染及产能过剩行业目录的企业，探索实行与其他行业有差别的水价、气价，促使企业进行技术改造和转型升级。

三是环保收费改革。环保收费是解决经济活动环境外部性问题的重要政策工具之一。价格改革要充分运用收费的杠杆作用，努力防止生态环境出现"公共地悲剧"。重点任务是适当提高地表水水资源费，提高废气污染物中二氧化硫和氮氧化物、废水污染物中化学需氧量和氨氮以及铅、汞等五类重金属污染物的排污费征收标准；完善水土保持补偿费、海洋废弃物倾倒费等生态资源补偿收费政策；积极配合排污权交易试点工作，适时核定主要污染物初始排污权有偿使用费标准。

3.强化价格调控监管，服务打造风清气正、和谐稳定的社会环境

近年来，市场价格波动的成因日趋复杂，价格违法行为更加隐蔽，手段更加多样化。随着价格改革的进一步深化，更多的价格交由市场形成，价格调控监管的环境将更加复杂、任务更加繁重。李克强总理强调"放和管是两个轮子，只有两个轮子都做圆了，车才能跑起来"。只有继续完善价

格调控监管机制，努力将价格总水平稳定在合理区间，维护良好的价格秩序，才能为我国经济社会发展提供风清气正、和谐稳定的社会环境。

　　一是营造内外公平的价格竞争环境。公平竞争的市场环境是扩大开放、参与国际经济合作竞争的重要依托，是吸引外资的重要因素，也是区域经济软实力的重要体现。通过反价格垄断执法，为中外各种投资主体创造公平公正的竞争环境，是打造互利共赢、和平发展开放环境的重要组成部分。我们既要督促、引导企业遵守公平竞争的市场规则，又要防止跨国公司滥用市场支配地位，损害本土企业和消费者合法权益的行为。加强对重点行业、重点企业竞争行为的监管，着重开展对电子商务、医疗器材等领域的反价格垄断调查，推进反价格垄断执法不断走向深入，打造公平竞争的价格环境，维护公平竞争的市场秩序。

　　二是保持价格总水平基本稳定。物价稳则人心稳，人心稳则社会稳。保持价格总水平基本稳定是改革和发展的重要基础，是价格工作的首要任务。李克强总理在《政府工作报告》中指出，"当前保持物价总水平基本稳定虽然具备许多有利条件，但是推动价格上涨的因素不少，不能掉以轻心，必须做好物价调控，切实防止对群众生活造成大的影响。我们应当不断健全价格监测预警体系，完善价格调控机制，确保实现预期调控目标。当前要着重抓好民生价格发布工作，积极引导市场价格预期；推进平价商店规范化建设，充分发挥其对周边市场价格的辐射带动作用；完善价格临时补贴机制，保障困难群众基本生活。特别是要做好肉禽蛋菜等主要农副产品的价格监测和调控，防止生产、供应和价格的大起大落，为改革和发展提供稳定的价格环境。"

　　三是继续推进阳光价费工作。阳光价费工作的目的是通过加强价费监管，创新监管方式，及时公开价费政策，主动接受社会和群众监督，让价费监管工作在阳光下运行，提高监管科学性、公开性和高效性，为经济社会发展营造规范有序的环境。当前要加大清费减负力度，继续清理不合理收费，取消归并各种重复交叉的服务收费；从严核定涉企、涉农收费，配合相关部门继续做好涉企、涉农减负工作；全面推行收费公示制度，抓好收费示范单位的建立和规范工作，发挥行业主管部门的作用，促进各项监管责任落实到位。

四是加强和完善市场价格监管体系。价格监管的作用是保障各项价格政策贯彻落实，打击价格欺诈、乱涨价、乱收费等各种价格违法行为，培育诚实守信的市场价格信用体系，维护群众合法价格权益。不管价格改革进展到什么程度，政府对市场价格行为的监管始终是一项需要不断加强的工作。当前要继续开展价格、收费专项检查，重点组织开展涉企、教育、资源性产品等价费专项检查，突出对涉及中小微企业乱收费行为的整治，确保各项价格改革和优惠政策措施落实到位；积极推进12358价格举报信息系统建设，尽快建成国家、省、市、县（区）四级联网、统一联动、公开透明的举报信息系统，推进价格举报工作信息化和规范化，对群众的投诉举报做到"件件有着落，事事有回音"。建立健全价格监管机制，坚持事前预防与事后查处相结合、政府监管与经营者自律相结合、执法检查与社会监督相结合、专项整治与日常监管相结合、检查处罚与制度建设相结合，切实提高价格监管效率，为促进经济健康发展与社会和谐稳定创造良好的价格环境。

五 健全消费政策

消费是我国经济增长的重要支撑。随着我国经济的快速发展，消费升级使我国居民消费的规模、结构、方式、对象和理念均发生了巨大变化，这些变化与居民收入水平和收入差距、社会文化和人口结构、市场供需匹配水平、居民消费环境以及税收体系等因素相关。未来，我们应继续着眼于破除阻碍居民消费的不利因素，从加快实施收入倍增计划拉动消费升级、构建支撑消费升级的高质量供给体系、补齐服务性消费短板、强化税收体系对居民消费的调节作用、营造良好消费环境、缩小消费差距等方面着手，加快推动消费升级，为经济的高质量发展提供不竭动力。

消费作为我国经济增长的重要支撑，是正确处理社会主要矛盾，应对经济下行压力，拉动经济持续稳定增长的重要手段。

（一）消费升级带来消费领域的新变化

随着我国经济社会的发展与居民生活水平的不断提高，居民消费也在各方面持续升级，消费的规模、结构、理念和方式等方面均发生了巨大的变化。

1.消费规模升级：消费的基础性作用进一步增强，对经济增长的贡献日益增大

经济发展的"三驾马车"中，消费在GDP的占比和对GDP增长的贡献率均位居第一。改革开放以来，我国居民生活水平大幅提高，人均可支配收入从1978年的171元增加到2019年的30733元，推动消费市场规模持续扩大。社会消费品零售总额从1978年的1558.6亿元增长到2019年的41200亿元。消费的经济贡献率从1978年的38.3%上升到2019年的57.8%，超过资本贡献率31.2%。消费在国民经济中的基础性作用进一步显现，连续

5年成为经济增长的第一驱动力，以及保持经济平稳运行的"稳定器"和"压舱石"。

2. 消费结构升级：从商品性消费向服务性消费转变

消费结构升级体现为消费者多样化的消费选择和消费品质的不断提升。随着居民收入水平提高，传统的物质消费占比下降，我国城乡居民在食品消费、衣着消费、家庭备用品等方面的支出所占比重呈持续下降趋势，而服务消费占比却不断上升。这可以从我国城乡居民恩格尔系数的变化情况得到印证。改革开放40年来，我国城乡居民恩格尔系数由超60%降至29.7%，由贫穷阶段迈向富裕阶段，实现了巨大飞跃。目前，我国居民消费正从数量型向质量型转变，逐步向精致化与高端化迈进，不少消费者由过去追求名牌消费，开始向追求更符合自己审美和消费习惯的定制化产品、更加注重自我体验式消费转变，消费结构升级的大趋势也从传统消费向新兴消费、从物质消费向服务消费转变。

3. 消费方式升级：从线下转向线上

随着经济社会的快速发展和人们生活水平的迅速提升，从各种自选超市、连锁快餐及仓储式市场等零售业态，到电商、新零售及共享消费等多元化的新兴消费方式蓬勃发展，极大地满足了居民的消费需求，使消费更加便捷化、人性化、体验化。

4. 消费理念升级：从满足个人需要到更加注重社会责任，绿色消费与可持续消费日渐兴起

多年来，我国人民消费理念发生了重大变化，居民消费不再只停留于

满足基本生存需要，而是向提升生活质量转变。随着生活水平的提高，居民对商品和服务品质提出了更高要求，注重消费个性、消费自由，注重自我消费带来的满足感和幸福感，新消费理念呈现出个性化、智能化、健康化的发展态势。人们不仅关注物质消费，更加重视精神消费、服务消费与体验消费，不仅关注消费带来的个人满足，更加注重自身的社会责任，逐步树立了绿色消费、可持续消费理念。

（二）影响消费升级的主要因素

消费升级受供需两端多方面因素影响，与经济发展水平、社会文化氛围、人口结构等相关，取决于居民收入水平、市场供给品质、消费环境等因素，此外，税收体系作为收入再分配和消费行为调节的重要工具，对居民收入水平和消费模式也会产生重要影响。

1.居民收入水平和差距决定消费需求

消费经济理论明确指出，收入是影响消费的最主要因素，提高收入水平是实现消费升级的有力支撑。改革开放以来，我国城乡居民收入大幅增长，我国城镇居民人均可支配收入由1978年的343.4元提高到2019的42359元，农村居民人均可支配收入由1978年的133.6元提高至2019的16021元，有力地推动了我国总体消费规模的扩张。然而，由于我国长期存在的城乡居民收入差距，导致城乡消费呈现出明显的二元结构特征，不利于我国整体消费规模的提升。此外，我国存在中低收入者工资收入增长较慢，中产阶级在社会的比重偏低，消费能力有待提升等问题，从而使我国消费升级面临较大阻力。因此，提高居民收入水平，进一步扩大我国中产阶层的规模是深入推动消费升级的必然选择。

2.社会文化与人口结构影响消费行为

社会文化是影响居民消费行为的重要因素。受传统文化的影响，我国人民注重勤俭持家，储蓄率较高，而消费率相对不足，但随着经济社会的发展进步，我国人民的消费理念与生活方式逐渐发生深刻变化，消费需求日益扩大，尤其是90后等新消费群体，受信贷消费、超前消费等新兴消费方式影响较深，目前已成为我国名副其实的消费主力。此外，人口年龄结构的变化也会对消费规模和消费结构产生深远影响。随着我国人口老龄化进程的不断加快，消费结构也将重新调整。一方面，人口老龄化意味着整体居民消费率下降；但另一方面老年人对养老康复、医疗保健等服务性需求增长较快，从而带动消费结构向服务性消费转变。

3.市场供需不匹配影响消费潜力释放

消费升级进程中供需结构不匹配与供给质量不高，已成为制约我国消费潜力释放的重要因素。经过多年的发展，我国生产供给条件已能基本满足消费升级的需要，但随着消费需求更加注重个性化、多样化，我国当前的商品和服务供给体系已不能满足居民消费升级和消费细分需求，尤其是高品质的消费升级需求难以得到满足，阻碍了消费潜力的释放。

4.消费环境不完善制约消费升级

与消费需求增长和消费升级要求相比，我国目前的消费环境有待改善。一是教育、医疗等基本公共产品供给不足，同时又挤占了居民大量的消费支出，弱化了居民消费能力。目前，与社会公众基本生活有关的住房、医疗、教育、养老等公共产品供给不足，支出占比严重，抑制了居民其他消费需求。二是社会保障体系不健全。当前我国社会保障支出占GDP的比重仅为3%左右，社会保障投入比重过低，社会保障体系不完善，制约了居民消费。三是市场消费环境欠佳。"电信诈骗"案、假冒伪劣商品层出不穷，大量虚假广告直接影响消费者的产品选择，消费者合法权益难以得到维护，也会影响人民群众的消费信心。四是消费差距显著。目前，我国消费阶层分化的趋势明显，农村居民在消费结构和消费层次上长期落后于城镇居民，中西部地区的消费水平明显低于东部发达地区，低收入群体的基本需求难以得到保障。缩小城乡、区域消费差距，保障低收入群体的基本消费需求，有利于提升社会的整体消费水平。

5.税收体系对消费的调节作用不明显

税收体系具有调节收入再分配的功能，有利于缩小收入差距，扩大社会整体消费倾向，进而推动全社会的消费升级。消费税是体现国家消费政策、调整消费结构的重要手段之一，其征收范围与税率设置应随居民消费需求的变化而及时做出调整。然而近年来我国消费税的征税范围虽有所调整，但不尽完善，如未将高档服饰、私人飞机等奢侈品纳入征税范围，对部分属于奢侈品范畴的商品与普通商品征收相同的税率等，不利于改善居民消费结构，也不利于缩小收入差距。

（三）加快推动消费升级的政策建议

推动消费升级，引领经济高质量发展，既要从构建支持消费升级的产品供给体系、提高居民收入水平、发挥税收体系的调节作用等多方面着手构建长效机制，又要针对消费领域存在的现实问题，结合消费需求变化补齐服务业短板，提高商品与服务的供给品质，营造良好的消费环境助力消费升级，通过缩小群体、城乡以及区域消费差距等来激发全社会的消费潜力。

1.通过实施收入倍增计划拉动消费升级

随着我国经济由高速增长向高质量发展转变，加快实施收入倍增计划是跨越中等收入陷阱的重要途径，也是推动消费升级的重要举措。一是完善收入分配制度，大幅提高劳动收入占比。不断完善收入再分配政策，通过税收手段调节过高收入，增加农村居民及低收入群体收入，扩大中等收入群体。多措并举提高劳动者报酬，提高居民收入在国民收入分配中所占的比重，推动实现包容性增长。二是不断完善社会保障机制，努力消除居民消费的后顾之忧。大力发展基层医疗，防止出现因病致贫、因病返贫问题。进一步完善扶贫政策，切实改善中低收入群体的生活。构建社会安全网，扶助低收入群体。在提高社会保障统筹层次的同时，建立各项社会保障制度之间的协调机制，尽快解决好进城务工人员的社会保障问题。三是努力提升人力资本，保障充分就业。实施好科教兴国与人才强国战略，加强职业教育培训，全面提升劳动者综合素质和就业质量，为各行业持续健康发展提供人才保障。大力推动构建现代化产业体系，积极推动第三产业发展，健全平等就业机制，鼓励劳动者自主创业，支持并落实各项创业扶持政策，努力实现社会就业更加充分。四是完善配套政策，为消费升级创造良好的外部条件。针对住房、医疗、教育等居民支出占比较高的部分，要建立相应的长效发展机制，防止其挤占其他消费支出。

2.形成支撑消费升级的高质量供给体系

深入推进供给侧结构性改革,加快形成改善民生的有效供给。一是大力发展与消费需求结构相适应的产业体系。要根据消费结构的变化趋势推动产业结构优化调整,加快推动产品技术创新和研发力度,满足各类消费群体的产品和服务需求,推动供需结构平衡,加快推动服务业提质增效,解决供求不匹配对居民消费需求增长的抑制问题。二是促进消费品提质升级,充分发挥消费对生产的引领作用。通过供应链上流通企业与生产企业开展协同创新,及时将消费端的需求变化传导给生产端,最终实现向消费引领生产模式的转变。以先进标准倒逼消费品提质升级,建立消费品国际标准比对和报告制度,推动生产企业加大产品研发力度,向中高端迈进,提升消费品质量水平,不断满足人民群众日益增长的消费需求。三是充分调动各方积极性,推动形成高质量发展的社会氛围。加强高质量文化建设,让追求卓越、崇尚质量成为全社会的价值导向和时代精神。培育和弘扬精益求精的工匠精神,加快推进品质革命和自主品牌建设。企业要探索开展个性化定制和柔性生产,不断丰富和细化消费品种类,更好地满足人民美好生活需要。政府要加强监督管理,严厉查处打击违法犯罪行为,充分发挥好行业协会和新闻媒体的舆论监督作用,形成对生产者的有效约束,引导企业诚信自律,为实现供给体系的高质量发展创造良好条件。

3.针对重点人群重点需求补齐服务业短板

服务消费是未来我国居民消费增长潜力最大的领域,要结合重点需求补齐服务业短板。一是进一步满足中高收入群体的消费需求。目前,我国消费品市场供给的产品质量与服务品质特征还不能较好地满足中高收入群体的需求,为此,需要针对这些群体开发个性化、定制化、特色化的生产方式和供给方式，开展服务业创新，以满足中高收入群体追求高端服务定位和品牌效应的消费需求。二是积极应对人口结构变化，弥补"一老一小"服务体系短板。持续完善新兴服务产业体系，大力发展社区养老服务业，完善医养结合政策，扩大长期护理保险制度试点；加快建设以公办普惠型为主的0～3岁婴幼儿社会化照护体系，并不断完善社会公共服务和公共托幼供给体系建设。三是积极营造有利于服务业人才发展的服务环境，为服务业提质升级提供坚实的人才保障。四是鼓励社会资本投资服务业领域，通过提供高品质、个性化的高端医疗、养老、教育等服务，有效满足服务消费的升级需求。

4.强化税收体系对居民消费的调节作用

一是通过完善税收体系缩小居民收入差距，调节过高收入，增加中低收入家庭的收入，提高中等收入群体的比重，增强居民边际消费倾向，从而提升社会整体的消费能力。二是进一步调整消费税征收范围及税率，适应居民消费需求和消费结构转变。适当调整并扩大征税范围，对生活必需品或常用品少征或不征消费税，对高档服务或奢侈消费从重征收消费税，既可增加财政收入，又可引导消费行为。调整应税产品的消费税税率，对生态环境可能造成危害的消费品或消费行为征税，对于绿色产品或绿色消费行为减免征收消费税，切实发挥税收体系对消费升级转型和绿色产品生产的支持和引领作用。

5.营造良好外部消费环境助力消费升级

当前，我国监管体制没有跟上消费新业态、新模式的迅速发展，质量和标准体系仍然滞后于消费提质扩容需要，信用体系和消费者权益保护机制还未能有效营造良好的市场环境，消费政策体系尚难以有效支撑居民消费能力的提升。针对消费环境中存在的突出问题，破除市场竞争秩序不规范、消费环境不完善等体制机制障碍，积极营造让消费者"愿消费""敢消费""能消费"的外部环境。一是构建具有强约束力的服务质量标准和消费后评价体系，切实保护消费者的合法权益，塑造安全放心的消费环境。深化服务业相关领域的准入和监管改革，建立服务质量标准和消费后评价体系，构建服务消费统计监测体系。二是进一步完善监管体制，解决阻碍消费升级的"痛点""堵点"问题。建立与国际标准接轨的消费安全监管体制，针对食品、药品、医疗等主要消费产品安全加强监管力度，通过高标准严要求倒逼企业提升产品质量，严厉打击制假、售假等不正当行为，提升消费者对中国制造的信心，从而激发居民消费需求，为推动消费升级营造良好的外部环境。

6.缩小消费差距

一是缩小城乡居民消费差距。针对我国的城乡消费差距，政府应构建系统化的消费公平政策体系，加快实施城乡一体化发展战略，扩大财政支出力度，加大对农村的转移支付，持续提升农村的社会保障水平，增加对农村公共物品的投入力度，多管齐下实现城乡居民消费公平。二是缩小区域消费差距。对中西部贫困地区加大消费扶贫力度，从改善消费条件、拓展消费需求、提升消费能力等方面，多管齐下推动区域消费公平。打通生产、流通、消费等各环节的制约因素，不断拓宽贫困地区农产品销售和流通渠道，支持贫困地区提升农产品供给水平和质量，提升休闲农业和乡村旅游服务品质，促进贫困地区产品和服务融入全国大市场。加快消费扶贫协作机制建设，将消费扶贫纳入东西部扶贫协作和对口支援政策当中，探索建立东西部地区劳务精准对接机制，帮助贫困地区劳动力就业。充分发挥行业协会、商会、慈善机构等社会组织作用，动员社会各界力量参与消费扶贫。

第二节 强化服务业的发展支撑体系

一 健全配套基础体系

（一）法律法规体系

健全标准体系，重点围绕诚信建设、服务质量、业态创新等方面制修订标准，对企业行为、商业信用、服务流程等方面提出要求，加快推动企业标准向国家标准、行业标准转化，构建国家标准、行业标准、地方标准与企业标准相互配套、相互补充的标准体系，增强标准适用性，提高标准质量。强化标准实施，建立政府引导、社会中介组织推动、骨干企业示范应用的标准实施应用机制，加强对现有标准实施情况的监督检查和跟踪评价。完善标准管理，优化标准制（修）订程序，提高标准立项和发布效率，推动标准查询、立项、制定、修订、审批、发布等在线化管理，建立完善标准实施后评估调整机制。

推动有关部门制（修）订消防、治安管理等法律法规，完善环境卫生、服务流程、商业信用等规范，在有效管理的同时促进行业有序发展。鼓励互联网平台完善点评机制和惩戒机制，引导行业中介组织完善标准，加强行业自律，提升服务水平。

落实支持服务业发展的税收优惠政策，做好政策宣传和纳税辅导，确保企业充分享受政策红利。加大政府购买服务力度，扩大购买范围，优化政府购买服务指导性目录，加强购买服务绩效评价。降低一般工商业电价，全面落实工商用电同价政策，推动地方落实国家鼓励类服务业用水与工业同价；在实行峰谷电价的地区，有条件的地方可以开展商业用户选择执行行业平均电价或峰谷分时电价试点。落实社区养老服务机构税费减免、资金支持、水电气热价格优惠等扶持政策。

（二）知识产权保护制度

党的十八大以来，习近平总书记针对知识产权保护做出了一系列重要指示，强调"产权保护特别是知识产权保护是塑造良好营商环境的重要方面"。近年来，通过建机制、搭平台、强监管、优服务，强力推进知识产权严保护、大保护、快保护、同保护，有力维护公平竞争的市场秩序，着力营造良好的营商环境，激发了经济社会发展活力。

新一代信息技术的广泛应用推动了第四次工业革命的到来并促使了全球价值链发生重构，其范围不仅限于生产领域，更是扩展到了服务领域，因此，我国要提升全球价值链地位，必须加快发展服务业，提高服务业在全球价值链的相对位置。因此，严格而有效率的知识产权保护制度或许对于全球价值链地位的提升具有重要作用。所以要建立符合国际标准的中国知识产权保护制度，推动我国知识产权法制现代化、国际化。在此基础上，应一如既往地积极参加有关国际组织的活动，履行知识产权领域各项国际条约和协定中应尽的义务，根据平等互利原则与世界各国合作，为完善和发展国际知识产权制度共同努力，做出积极的贡献。不断学习和引进先进的技术与管理经验，通过自己的原创性创新，拥有属于自己的独立知识产权，参与到更高级别的竞争中去。

对中国来说，知识产权保护制度较其他高收入国家发展晚，因改革开放过程中与发达国家合作而有所改善，加强知识产权保护是提高我国服务业国际竞争力和促进服务业升级的重要途径。加强我国的知识产权保护不仅是国家立法上制定知识产权相关的政策制度和法律法规，地方各级政府也需要在执法上完善知识产权保护法律体系，拓宽其应用的领域和渠道，鼓励生产创造拥有自主知识产权的服务产品和技术，加大专利保护力度并促进大企业形成专利群，最终提升我国的服务业在全球价值链的相对位置。

（三）社会组织管理制度

1.健全诚信体系

规范居民生活服务企业经营行为，建立开放、公平的市场竞争环境。完善诚信机制，建立以交易信息为基础的市场化综合信用评价机制，鼓励有资质的第三方信用服务机构开展行业信用评价工作，健全信用评价指标，对企业信用、从业人员行为、服务流程、纠纷处理等进行规范；支持行业中介组织建立会员企业信用档案，推动政府向社会机构购买大数据资源和技术服务，加快建立信息共享机制，在行政管理中依法建立以企业信用记录为基础的奖惩制度。

开展诚信评价，以统一社会信用代码为基础将居民生活服务企业信用信息纳入全国统一的共享交换平台，形成跨部门、跨地区信用信息网，提供信用信息服务；探索发布信用"红黑榜"，创建诚信示范企业，在全社会形成"守信光荣、失信可耻"的良好氛围。

开展诚信示范建设。鼓励企业建立包括用户信息认证、信用等级评价、业务流程保障等内容的信用体系，定期对供应商和员工进行信用评价，建立健全信用信息公开制度。充分利用广播、电视、报纸杂志、互联网等媒介发挥示范企业的引领作用，宣传守信典型案例，公开失信惩戒案例，带动行业信用水平的提升。

2.保障供给安全

配合有关部门完善居民生活服务业安全生产法规标准体系，建立安全生产不良记录"黑名单"，做好安全专项治理工作，督促企业强化主体责任，贯彻落实各项安全管理法规、标准、制度和措施，建立健全突发事件应急预案、应对机制，加强安全生产培训，引导企业依法生产经营。

3.完善统计制度

健全服务业统计调查制度，建立健全生产性、生活性服务业统计分类，完善统计分类标准和指标体系，提高统计数据的及时性和精准度。逐步建立生产性、生活性服务业统计信息定期发布制度，建立健全服务业重点领域统计信息在部门间的共享机制，逐步形成年度、季度信息发布机制。

各地区、各有关部门要强化主体责任，形成工作合力，认真落实指导意见各项任务要求。各地方要加强组织领导，结合实际抓好贯彻落实，切实推动本地区服务业高质量发展，及时向有关部门报告进展情况。各有关部门要按照职责分工，细化制定配套政策，加强对地方工作的督导，推动指导意见有效落实。要充分发挥服务业发展部际联席会议制度作用，细化、实化工作任务和完成时限，适时开展服务业高质量发展评估工作，加强对指导意见实施的督促检查，扎实推动服务业高质量发展取得实效。

4.人才队伍支撑

生活服务业是现代服务业领域中十分重要的一部分，其重要性不言而喻。从浙江省现代生活服务业的发展现状来看，其发展势头良好，但问题依然存在。据调查，目前我国现代生活服务业的从业人员素质普遍较低是制约现代生活服务业发展的主要瓶颈。生活服务业又是以"人"为本的行业，因此发展生活服务业的核心在于加强人才的培养，即如何培养出一支高素质、高技能、创新型的人才队伍。

大力发展人力资源服务业，培育专业化、国际化人力资源服务机构，加快人力资源服务产业园建设，鼓励发展招聘、人力资源服务外包和管理咨询、高级人才寻访等业态。支持企业和社会力量兴办职业教育，鼓励发展股份制、混合所有制等多元化职业教育集团（联盟），完善职业教育和培训体系。鼓励普通高等学校、职业院校增设服务业相关专业，对接线上线下教育资源，推动开展产教融合型城市和企业建设试点。围绕家政服务、养老服务、托育服务、健康养生、医疗护理等民生领域服务需求，提升从业人员职业技能，增强服务供需对接能力。

可以在全国加大对发展生活服务业的宣传力度，切实提高全社会对生活服务业的认识，营造有利于生活服务业发展的舆论氛围。要让社会充分认识到加快发展生活服务业，对于适应对外开放新形势、实现综合实力整体提升，对于解决民生问题、促进社会和谐、全面建设小康社会的重要性，充分认识到加快生活服务业发展的紧迫性。此外，政府相关部门还应加强社会舆论宣传，引导社会大众正确认识和评价生活服务业相关工作，增强该行业对人才的吸引力。

其次，加强生活服务业岗位职业培训，提高从业人员的职业素质，从而提高生活服务业尤其是现代服务业的竞争力。生活服务业从业人员的素质现状决定了有必要定期对从业人员进行专业知识培训，可以通过机构内部或与高校联合的培训方式来操作。主要采用理论讲授、模拟训练与实地观摩、岗位操练相结合的方法，从专业知识、实践技能、人文素质三个方面对现从业人员进行由内而外的全面完善。

二　完善基础设施体系

（一）做优基本服务

以满足家庭需求为着力点，鼓励各类市场主体向居民家庭提供日常生活用品和餐饮、家政等服务。着力保障家政服务需求，充分发挥已建家政服务网络中心的作用，鼓励家政服务企业和妇女组织、扶贫办等机构共同搭建家政服务员输出输入对接平台，引导农村富余劳动力从事家政服务，保障养老服务、护幼服务需求。通过制度化管理、标准化服务、连锁化发展、规范化经营，推动企业专业化、规模化、品牌化发展，探索发展员工制家政服务企业的新途径；积极探索以市场化方式推动养老服务产业发展，推动卫生服务与家政护理协同发展，推动构建居家养老、社区养老等大众化养老服务体系。做强大众化服务。以方便快捷、经济实惠为目标，鼓励生活服务企业提供面向大众的服务，创新服务形式，丰富服务内容。着力发展大众化餐饮，引导餐饮企业建立集中采购、统一配送、规范化生产、连锁化经营的生产模式，鼓励高端餐饮企业发展大众化餐饮网点和品牌，优先提供平价特色产品；支持餐饮企业在社区、学校、医院、办公集聚区、交通枢纽等地设立经营网点，着力发展营养、卫生、美味、经济的快餐和风味小吃，大力发展早餐、快餐、团餐、特色小吃等民生服务业态。

第一，进一步放开服务业市场准入。在自由贸易试验区建设的基础上，加快复制和推广负面清单的准入管理模式，为各类服务业市场主体创造公开、平等、规范的准入制度。对现有的各类行政审批统一建章立制，将非行政许可事项全部"清零"，进一步优化审批流程、缩短审批时限，形成透明、高效的审批制度。在准入条件上，减少或降低经济性要求，完善环保、安全、技术等方面的准入要求，对专业性要求较高的审批事项，可转由行业协会和具有认证认可资质的机构审核。

第二，加快转变服务业监管方式。切实扭转以检代管、以罚代管的局面，着力促进监管方式和手段的改革创新。建立执法全过程记录制度，全面规范监管自由裁量权。加强监管执法部门的信息共享和联合执法，避免多头执法、重复监管和一事多罚。加大对服务业市场主体经营行为的监管，建立违法失信"黑名单"制度。同时，完善社会化监管机制。充分发挥行业协会、征信机构、金融机构在资质检查、经营行为记录、信用评估等方面的作用，促进服务业市场主体自律诚信经营，形成规范有序的市场竞争格局。

第三，切实营造鼓励创新、宽容失败的体制环境。一方面，加大国家创投引导资金扶持力度，并更多向创新性服务企业初创成长的"前端"倾斜，为创新尝试者、创业失败者提供最大保障，为大众创业、万众创新提供更多动力。另一方面，促进新兴服务行业和业态的知识产权保护与运用。建立统一的知识产权行政管理和执法体制，依法严厉打击各类侵权行为。鼓励和支持服务业市场主体健全技术资料与商业秘密管理制度，建立和完善知识产权交易市场，大力发展知识产权中介服务，不断增强服务业市场主体创造、运用、保护和管理知识产权的能力。加快数字版权保护技术的研发，大力推进服务内容、商业模式创新知识产权保护的制度化进程。

第四，着力培育和发展多样化的服务主体。鼓励和引导适合行业特性的服务主体加快发展。同时，深化服务领域的国有企业和事业单位改革，以有效竞争为目标导向，形成兼顾规模经济和竞争活力的市场格局。

第五，深化服务业综合改革试点。整合碎片化的政策资源，以大型城市为抓手，突出制度上的改革创新，通过试点探索出一套适应服务业特别是新兴服务行业和业态发展的体制机制，形成能复制、可推广的有效经验。

（二）做好农村生活服务

发展服务业要与推进城镇化相结合，城镇化既为服务业发展创造了空间，同时也需要服务业的发展作为支撑。加快推进城镇化是扩大内需的重要立足点，而当前扩大内需的主要市场在农村。无论是从人口规模，还是从收入潜力而言，中国农村消费市场都将成为未来世界上最大的消费群体。

我国城镇化发展质量不高，城镇化发展由速度型向质量型转变势在必行。为此，需要推进以人为核心的新型城镇化建设，改变以往片面追求城市规模扩大和空间扩张，更加重视公平共享、四化同步、集约高效、绿色低碳以及文化传承。城镇化率提升一方面将会增加城市基础设施、住宅、公共服务设施等大量投资需求，并加快创新要素集聚和知识传播扩散，对于发展流通性、生产性以及社会服务业将起到重要作用；另一方面，也将创造更多就业机会和扩大中等收入群体，促进消费结构升级和消费潜力释放，从而有利于个人服务业发展。另外，随着未来5年"两横三纵"为主体的城镇化战略格局的形成，城市群集聚经济、人口能力将明显增强，城市规模结构更趋完善，大中小城市和小城镇将实现合理分工、协调发展。这些都有利于增强大城市生产性、流通性服务业的发展能级，并充分借助城市群内城市之间的经济联系，促进服务业的网络化发展。

我国人口在继续保持低位增长的同时，结构性变化更为显著。一方面，劳动年龄人口占比缓慢下降，老年人口比重加快上升。人口的结构性变化，从需求和供给两个方面对我国服务业发展产生重大影响。其中，老龄化进程的加快，并伴随空巢家庭的增多，居民将更加重视生命和生活质量，从而对现有的服务内容及提供方式提出新的要求。值得注意的是，老年人群实际上处于不断变化之中，由于"50后"低龄老年人相对而言具有一定消费能力，更容易接受新的消费方式，有利于催生出新的社会化服务需求，带动服务业结构的调整升级。另外，我国从人口大国向人力资源大国转变的过程中，将更加注重优先投资于人，有利于释放中高端人力资源的数量和成本优势，从而为我国服务业全面发展提供持续的智力支持。

城镇化是扩大我国农村消费需求的重要突破口。城镇化的推进有利于培育新的消费热点和消费群体，提高农村居民的收入和消费能力，进而促进农村消费需求的增加。而发展面向农业的生产性服务业则是农业和农村经济新的增长点，作为农业产前、产中和产后各环节提供服务的中间投入，农业生产性服务业的发展有利于农业生产效率的提高、农村经济的繁荣和农民收入的增加，从而有利于提高农村居民的消费能力和增加农村居民的消费需求。

因此要加快发展农村生活服务业，健全农村生活服务网络，扩大农村服务消费。针对小城镇、城乡接合部、旅游景区、偏远农村等地区，结合本地实际情况引导各类市场主体参与农村居民生活服务体系建设。顺应新型城镇化趋势，结合地区特点和特色乡镇优势，积极发展农家乐、客栈民宿、温泉养生等多样化、特色化服务，完善生活服务配套功能。发挥中心城市的引领作用，鼓励各类市场主体进一步向乡镇、农村延伸服务网络，建立完善适合农村地区特点的购物、餐饮、理发、废旧物品回收等服务体系。

（三）做精专业化服务

顺应消费升级趋势，以满足专业化需求为导向，通过强化技能培训、引进国外高素质劳动力等方式，促进行业向更高形态、更宽领域发展，满足高品质服务需求。完善休闲娱乐设施，提供面向年轻消费群体追求时尚、注重体验、崇尚品位的服务，鼓励开发面向老人、中小学生、病人等特定消费群体的产品，着力发展地方特色餐饮、休闲养生等品质化服务。

第 三 节　扩大开放，增强国际竞争力

▎一　我国服务业的总体发展特征

　　服务业是现代经济的重要标志，从"工业经济"迈向"服务经济"是我国经济发展的方向。在稳增长、调结构、促改革以及扩大开放等政策措施的引导下，我国服务业保持平稳较快增长势头，在国民经济中所占比重呈上升趋势，服务业作为国民经济第一大产业和就业第一主体的地位日益稳固，对国民经济的带动和支撑作用明显增强。不过，我国服务业对外开放程度较低，服务出口的总体竞争力不强，国际竞争力与发展规模不匹配，以扩大开放促进服务业升级的空间巨大。适应国内外经济形势变化的特点，进一步扩大我国服务业的对外开放是提高我国服务业发展质量和国际竞争力的重要战略举措。

　　未来，我国经济社会发展将面临一系列不同于以往的深刻调整，对于服务业发展而言，既是挑战也是机遇，既有压力也蕴藏着动力。经济新常态不仅仅是经济增长速度"下台阶"，更体现在经济发展方式、发展动力、

经济结构上的彻底转型。也就是说，发展方式要从规模速度型的粗放增长转向质量效率型的集约增长，发展动力要从传统增长点转向新的增长点，经济结构要从增量扩能为主转向调整存量、做优增量并存的深度调整，从而实现速度"下台阶"的同时质量"上台阶"。首先，随着工业内部不断分化，劳动密集型制造业、资源密集型重化工业的比重持续下降，资本和技术密集型制造业比重将明显上升。这将对服务业需求结构产生重要影响，更加依赖金融保险、商务服务、技术研发等知识密集型生产性服务业。同时，小批量、多批次、差异化生产的趋势更为显著，也会对生产性服务业提出新的、更专业的中间需求，从而推动形成以服务业为引领、服务业与制造业深度融合的发展新格局。其次，在我国制造业低成本比较优势趋于弱化的情况下，必须尽快提升要素禀赋结构，形成新的更高层次的比较优势。这就需要大力发展研发、教育、金融、信息等服务业，依靠高水平的创新要素，为制造业转型升级、产业结构迈向中高端提供不竭动力。另外，面对环境污染加重的严峻形势以及节能减排的国际承诺，还必须加快推动制造业绿色转型。而提高能源利用效率、建立绿色循环低碳生产方式，都迫切需要进一步加快高技术、节能环保等服务业的发展。

▌二　我国生活服务业的竞争力现状

我国生活服务业的发展方式比较粗放、结构不尽合理，对高品质、个性化服务的提供能力有限，服务质量、标准化程度仍有很大的提升空间。同时，我们也要看到，我国服务业发展尚面临结构性矛盾。伴随着我国城乡居民消费结构的升级，许多服务业面临有效供给不足、中高端服务供给不足的矛盾，集中反映在教育培训、医疗、健康养老、文化娱乐、家政服务等领域，难以满足人民群众日益增长的服务需求。

从各国和地区服务业细分行业的显示性比较优势指数（RCA指数）看，我国具有竞争优势的部门是建筑业等资源密集型和劳动密集型服务业。计算机和信息服务等知识、技术密集型服务的国际竞争力近年来有所提升，但与美国、欧盟等国家和地区相比还有较大差距，尤其是专利权使用和特许明显处于竞争劣势。值得关注的是，我国一些服务业细分行业的竞争力低于印度、巴西等新兴经济体和发展中国家，今后我国发展服务贸易将面临来自新兴经济体和发展中国家日趋激烈的竞争。

三　扩大开放是提高我国服务业发展质量和国际竞争力的战略举措

开放发展是中国基于改革开放成功经验的历史总结，也是拓展经济发展空间、提升经济发展水平的必然要求。服务业的开放可以通过单边承诺，也可通过双边或多边谈判，交互实现双方市场的开放，后者对于防范服务部门过度自由化带来的风险是有效的。扩大服务业开放将加大服务市场竞争力度，经营状况欠佳、竞争力较差的一些服务业企业甚至可能会因此而被市场淘汰或效益出现大幅下滑，但就整体而言，扩大服务业开放对我国服务业发展和国民经济发展的积极影响要远大于负面影响。积极影响主要体现在四个方面：一是通过国外服务机构的知识溢出和管理能力、服务理念、风险防范等方面的示范作用，产生知识溢出和学习效应，带动服务开放部门提高劳动生产率；二是通过引入竞争，加大国内服务市场竞争力度，促进市场结构向较为充分的完全竞争结构变化，促使我国服务业企业改善经营并提高服务质量，实现优胜劣汰，提高资源配置效率，提升我国服务业的国际竞争力；三是为吸引高质量外资营造良好的投资环境，包括培育高水平的法律、金融、保险、会计、审计等专业服务市场；四是通过扩大服务业对外开放，引进新业态、新服务、新商业模式和高端服务业人才，支撑和带动制造业转型升级。

这充分表明，我国服务业进一步开放的空间巨大。适应国内外经济形势变化的特点，进一步扩大我国服务业的对外开放，以开放促改革、促发展、促创新，在更大范围、更广领域、更高层次上参与服务业国际合作与竞争，对于提升我国服务业发展质量和国际竞争力，增强服务业发展的动力和活力具有重要意义。

四 政策建议

在经济全球化新背景下，"一带一路"的外延正在不断扩大。从趋势看，"一带一路"已逐步跨越沿线国家，成为以沿线65个国家为载体、以亚欧合作为重点，逐步扩大到全球的"65＋"。随着基础设施互联互通进程的推进，"一带一路"建设不仅为南北经济潜在互补性转换成现实经济增长动力提供重要载体，也为形成"经济融合、发展联动、成果共享"的亚欧经济发展新格局奠定重要基础。适应经济全球化的新趋势，"一带一路"正从双边合作为主向多边合作拓展延伸，成为打破双边困境、维护多边主义和自由贸易格局的重要力量。

从发展趋势来看，"一带一路"正在由以产能合作为主，逐步向产能合作、服务贸易并重转变。由于共建"一带一路"国家很多是尚处于工业化初期、中期的发展中国家，产能合作是其首要需求。下一步，随着相关发展中国家推进产业升级，特别是随着欧洲部分国家与日本等发达国家的参与，服务贸易有望成为"一带一路"建设的重点合作领域。

2017年，中国与"一带一路"沿线国家和地区服务贸易额占其贸易总额的比重仅为8.2%，成为这些国家和地区贸易成本居高不下的重要因素之一。改变这个格局，需要通过服务贸易合作，优化提升区域供应链、产业链和价值链，引领和促进基础设施互联互通、产能合作，进一步推动发达国家的资本、技术、智力、服务等优势与发展中国家的资源、劳动力、市场潜力等优势有效对接，释放全球经济增长的"聚变效应"。2018年时值中国改革开放40周年。我国开放的大门越开越大。在国内层面上，我国目前已设立14个自贸试验区，采取诸多措施大力推进投资和贸易便利化，这为我国服务贸易发展提供了前所未有的良好条件。2016年，国务院批准《服务贸易创新发展试点方案》，在上海、天津、海南等15个省份开展服务贸易创新发展试点。在试点经验的基础上，自2018年7月1日起，国务院发布《关于同意深化服务贸易创新试点的批复》，在北京等17个地区深化服务贸易发展。

2019年以来，中国服务贸易稳中向好，服务业扩大开放、服务贸易创新发展等政策效应进一步显现。面对当前复杂严峻的外部环境挑战，中国抓住服务贸易发展的机遇，积极应对挑战，进一步激发市场主体活力，推动服务贸易高质量发展。

一方面，要以更大的国内市场开放释放共建"一带一路"的重要动力。经过40年的改革开放，中国已形成巨大的国内消费与投资市场，这一市场的不断开放将为全球经济增长提供重要机遇，由此也成为中国推动共建

"一带一路"的突出优势。例如，随着中国国内市场的进一步开放，将为中欧在共建"一带一路"中创造更大的市场空间。推进共建"一带一路"向高质量发展，离不开中国全面深化改革的突破，尤其离不开中国扩大开放的进一步提速。

另一方面，要把服务业市场开放作为共建"一带一路"与国内市场开放的战略安排。适应"一带一路"与中国全面深化改革交织融合的特点，关键性的战略安排在于加快服务业市场开放。例如：加快破除服务业领域的行政垄断，推动服务业市场的全面开放；加强与服务贸易相关的知识产权保护等；加快推进产业政策导向朝着平等、透明、法治的竞争政策转变，主动对接国际高标准经贸规则，以竞争中性为原则，营造国际化营商环境；等等。

此外，要推动国内市场开放与共建"一带一路"国家开放的融合。例如，在主要港口和口岸建立边境经济合作区；沿"六大经济走廊"建立境外经贸合作区；在主要节点建立一批跨境经济合作区；将基本具备条件的跨境经济合作区提升为双边自由贸易区；实施产业项下的自由贸易政策，对贸易和投资自由化、便利化的制度安排先行先试，打造区域贸易中心。例如，以海南为中心，构建"泛南海旅游合作圈"，全面实施旅游项下的自由贸易政策，加强海南与相关岛屿经济体在旅游、健康、文化、教育等领域的合作，对破题21世纪海上丝绸之路建设具有重要作用。

根据我国服务业发展的现状和特征，"十四五"期间应立足国内和全球视野相统筹，深入推进以准入前国民待遇加负面清单管理为核心的投资管理制度创新，实施更加积极主动的自由贸易区战略，进一步扩大服务业对外开放的范围，积极探索服务业对外开放的新领域和新举措，构建与高标准国际投资贸易规则相衔接的法治化、国际化、便利化的营商环境，提高我国服务业的发展质量和国际竞争力。

第 五 章 **物业服务的
科技化探索**

在人工智能、物联网、云计算、大数据、5G等信息技术的推动下，传统的物业服务正面临一场变革，从安保、保洁到维护，科技正在改变物业服务这个过往的劳动密集型行业。因此，物业管理者必须改变传统的思维定式，注重新技术在物业服务中的应用。

第一节　我国物业服务的现状

　　我国经济社会发展正面临一系列不同于以往的深刻调整，对于服务业发展而言，既是挑战也是机遇。其中生活服务业的发展时间较短，服务质量、标准化程度仍有很大的提升空间。

　　在我国物业服务行业中，绿城服务集团具有较高的科技化水平，是一家以物业服务为根基，以生活服务与产业服务为两翼，以智慧科技为引擎的数字化、平台化、生态型的现代服务企业。本章以绿城服务集团为例，从多个方面介绍物业服务科技化之路的蓝图与实施战略（图5-1）。

绿城服务集团概况

　　绿城服务集团（以下简称绿城服务）成立于1998年，为中国服务业500强企业、浙江省服务业百强企业（前50强），未来社区产业联盟副理事长单位、未来社区服务标准制定单位。

　　在20余年的发展中，绿城服务始终顺应时代趋势、响应客户需求、快速迭代进化，致力成为中国最具价值的"幸福生活服务商"。为了满足业主多元化的服务需求，绿城服务在国内首创生活服务体系，创造性地向业主提供文化教育、居家生活、健康管

186

理等系列服务，该体系于2007年9月获"中国城市管理进步奖"。2014年绿城服务应用完整的服务理论研究体系与最新的行业科技手段，升级智慧园区服务体系。

截至目前，绿城服务已围绕人的全生活场景、房的全生命周期，构建了符合未来社区愿景的全生命周期服务链，从少儿到长者、从学前教育到老年大学，力求让小业主展现活力、快乐成长，让中年业主感知温馨、舒适、便利，让园区长者得享安逸、祥和、充实。

围绕生活服务战略，绿城服务集团实施区域和品牌双聚焦策略，存量和增量并举、住宅和商写齐飞。2016—2019年，绿城服务公司新签全委合同1306个、面积2.46亿平方米，其中存量项目283个、商写项目410个。截至2019年底，绿城服务市场份额前十城市在管面积为1.24亿平方米，占总在管面积的58%，商写项目在管面积为0.46亿平方米，占总在管面积的21%，为实现规模经济效应，以及生活服务体系、产业服务体系的双向升级奠定了坚实基础。

从基础物业服务，到2007年提出的园区生活服务体系，再到2014年提出的智慧园区服务体系，绿城服务不断满足业主需求，应用完整的服务理论研究体系与最新的行业科技手段，持续丰富服务内容、改善服务方式、提升服务品质。

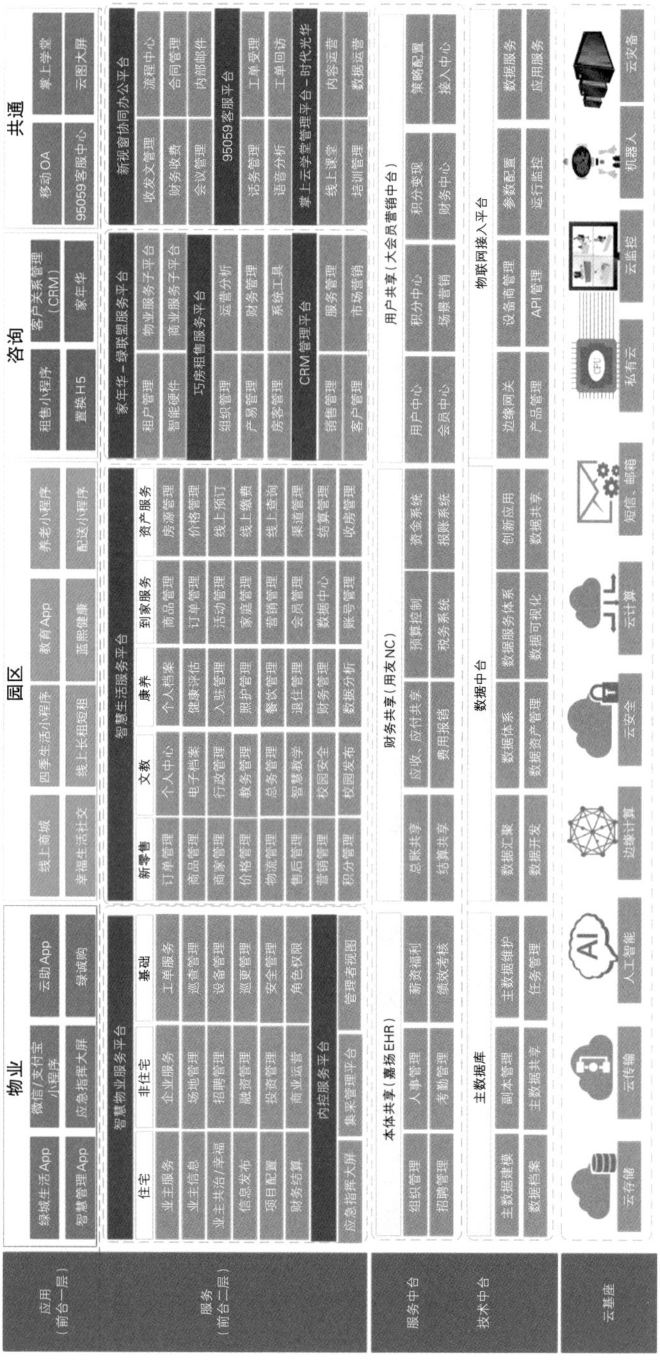

未来服务　生活服务业的科技化变革

层级	物业	园区	咨询	共通
应用（前台一层）	绿城生活App／云动App／微信·考村宝小程序／智慧管理App／应急指挥大屏／绿减购	线上商城／四季生活小程序／教育App／养老小程序／配送小程序／幸福生活社交／线上长租短租／蓝熙健康／资产服务	租售小程序／置换H5／养老小程序／配送小程序	移动OA／掌上学堂／云屏大屏／95059客服中心
服务（前台二层）	**智慧物业服务平台**　住宅：业主服务、信息发布、项目配置、财务结算；非住宅：企业服务、场地管理、招商管理、融资管理、投资管理、商业运营；基础：工单服务、巡管管理、设备管理、巡逻管理、安全管理、角色权限。**内控服务平台**：稽查管理平台、管理者视图、应急指挥大屏	**智慧生活服务平台**　新零售：订单管理、商品管理、商家管理、价格管理、物流管理、售后管理、营销管理、积分管理；文教：个人中心、个人档案、电子档案、行政管理、教务管理、总务管理、智慧数字、校园安全、校园信息发布；康养：个人档案、健康评估、入住管理、照护管理、餐饮管理、退住管理、财务管理、数据分析；到家服务：商品管理、订单管理、活动管理、家庭管理、营销管理、会员管理、数据中心、账号管理；资产服务：房源管理、价格管理、线上预订、线上缴费、线上查询、渠道管理、签约管理、收费管理	**家年华-绿联盟服务平台／物业服务子平台／商业服务子平台／巧房租售服务平台**　家年华：租户管理、智能硬件、组织管理、房务管理、客务管理；CRM管理平台：运营分析、活客管理、系统工具、语音分析、市场营销、客户管理、培训管理。**客户关系管理（CRM）家年华**	**新视窗协同办公平台**：收发文管理、流程管理、财务收费、合同管理、会议管理、内部邮件。**95059客服中心**：工单受理、话务管理、语音回听、工单回访。**掌上学堂管理平台-时光花火**：线上课堂、内容运营、培训管理、数据管理
服务中台	**本体共享（嘉扬EHR）**：组织管理、招聘管理、人事管理、考勤管理、素质福利、绩效考核	**财务共享（用友NC）**：预算控制、应收/应付对账、费用报销、税务共享、报账系统、资金管理	**用户共享（大会员营销中台）**：用户中心、积分变现、会员管理、积分中心、场景营销、财务中心	
技术中台	**主数据库**：主数据登录、数据档案、主数据维护、主数据共享、任务调度	**数据中台**：数据体系、数据服务体系、数据资产管理、创新应用、数据共享、数据汇集、数据可视化、数据开发	**物联网接入平台**：边缘网关、设备统一管理、API接入、产品应用管理、数据共享、参数配置、运行监控、数据服务、应用服务、策略配置、接入中心	
云基座	云存储	云传输　边缘计算　云计算　云安全	私有云　云监控　云设备　人工智能AI	短信·邮箱

图5-1　绿城服务的科技化架构蓝图

188

　　社区是城市的细胞，人类活动的基本单元和基础场所，承载着无限的幸福生活愿景。当前我国城市社区数量已经超过10万个，传统社区模式低效而落后，社区管理服务存在诸多痛点，例如社区管理效率低、用户服务响应慢、政府治理监管难等。针对这一系列问题，绿城服务对智慧社区进行"七化"管理（智能化、线上化、可视化、远程化、动态化、实时化、数字化），连接政府、物业、用户，进行业务数据全量采集，管理治理智能决策，社区痛点彻底根除，实现面向未来的社区管理模式升级转型，这给政府、物业、用户以及企业带来了巨大的价值。对政府而言，健全社区基层治理体系，以数据为导向，通过政策下达、党建引领、警力下沉，打造"基层防控、居民联控"的治理新格局，让社区治理变智理，保障社区长治久安。对物业而言，以科技赋能社区物业管理，优化管理结构，开启"智慧物管"新模式。对社区居民而言，用户将拥有全面的安全感、获得感、幸福感。同时，该模式也能为社区企业提供全方位服务，解除其后顾之忧，营造大众创业、万众创新的创业氛围，让企业安心生产经营，蓬勃发展。

　　进入新时代，我国人民日益增长的美好生活需求和不平衡不充分发展之间的主要矛盾在社区中普遍存在。为了创新新时代服务业发展模式、引领行业发展趋势，绿城服务通过降低成本、提高效能，在多方面取得卓越的成果，数据、物联网、服务、管理四位一体化发展。伴随着教育服务、康养服务、资产管理、新零售等生活服务核心产品的快速落地，绿城集团生活服务收入由2016年的4.84亿元上升到2019年的18.39亿元，增长2.8倍，收入总额和收入占比均位列同行业第一。而作为公司基石业务的物业服务量价齐升，3年间，绿城服务集团服务的业主从66万户、335万人增长到114万户、646万人。业主持续给出高分评价，绿城服务连续10年位列全国物业服务业主满意度第一名。

第 二 节　**物业服务的科技化探索**

一　智慧品管

　　绿城服务始终以物业服务为本业，视服务品质为物业管理服务的生命线，在传统物业服务的基础上，建立了质量管理、环境管理、职业健康安全管理的保障体系，推行多种形式的业主监督机制及三位一体品质管控体系，并在全公司推行"8S"管理[1]，为业主创造安全、舒适、便捷的生活环境，致力于向客户提供以基础物业为载体的亲情化服务，坚持服务至上，视品质为物业服务生命线。

　　为了实现智慧管理，绿城服务全面进行科技化升级，将人工智能、物联网、云计算、大数据等信息技术与实际物业管理业务流程相融合，通过一体化全域服务平台的建立、智能设施设备的引入、物联网应用架构的形

1　8s管理是指空调及照明管理标准、音乐及喷香管控标准、大厅布置标准、前台物品设置标准、卫生间标准、定位物品的复位标准、案场接待流程以及案场VIP接待流程这8个管理标准。

成、移动互联网O2O模式的推行，让物业拥有高效节能、精细管控的线上化和远程化统一管理工具。

智慧物业管理子平台（图5-2）面向社区物业，以最小粒度的物业管理为抓手，集成车行管理、人行管理、工单管理、能耗管理、设备管理、巡更管理以及基于物联网的智慧服务等模块，提供"平台＋管家"的智慧物业信息化综合解决方案，旨在规范服务流程，加强服务管控，降低综合运营成本，持续提高经济效益。

图5-2　智慧物业管理子平台

（一）车行管理系统

1.车辆出入管理系统

车辆出入管理系统是社区最为常见的管理系统之一，可对进出社区的车辆进行规范化、秩序化管理。车辆出入管理系统拥有访客预约功能，使访客可以跟业主一样快速无感通行，免去烦琐的访客登记程序，加快车辆通行速度，避免社区入口出现车辆排队现象。若访客车辆没有使用访客二维码，安保人员也可以通过管理端App进行管理。车辆出入管理系统还具有临时停车移动扫码缴费功能，真正实现智能化、便利化。车主扫描临时停车收费的二维码，输入车牌号码即可完成缴费，有效缩短了在社区出口花费的时间。对物业而言，使用该系统后无须设置收费专岗，节约了人力成本，还能有效防止现金收费中存在的"跑冒滴漏"现象。如图5-3所示为车行系统的访客预约功能。

图5-3　车行访客预约

2.智能停车管理系统

智能停车管理系统围绕社区车辆拥堵、停车体验不佳等问题，通过智能车牌识别、视频车位检测、停车指引与诱导等技术，结合大数据分析构建健全感知的停车管理模式，对拥堵预警、车位预约、用户行为研判等进行智能分析，实现车辆高效通行、停车场数字化管理。

随着共享经济的发展，绿城服务将物联网创新技术应用于智能共享停车

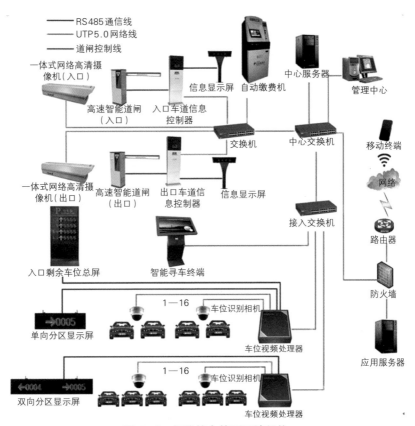

图 5-4　智能停车管理系统架构

位平台，从根本上解决了"停车难""车位管理困难"等问题，是实现"错时停车"的较好方法。共享停车位平台是在智慧社区管理平台上进行的深化改进，是提升车位利用率的一个平台。智能共享停车位后台功能系统可以为管理者提供车位的具体信息、使用情况和附近停车场的基本情况，使管理者能准确掌握精确的定位、空闲车位等信息。如图5-4所示为智能停车管理系统架构。

　　共享车位模块内嵌在智慧社区平台中，首先业主填写共享车位的收费规则、收费信息、共享时间段等基础信息，接着由物业进行审核，明确车位是否属实。审核通过后，用户可以在手机上查看可预约车位。车主用一台智能手机即可完成自主停车，这种方式提高了车位利用率，为居民出行提供更多便利。私家车位所有者或停车场也可在服务平台发布空闲车位信息，把自己的车位授权分享出去，获得额外收入，实现一个车位多人使用。

（二）人行管理系统

传统社区门禁管理存在诸多不便，如：钥匙不方便、多张卡片不便携带、M1卡（非接触式IC卡）容易被破解存在安全隐患、访客登记方式落后、供事后追溯的影像资料缺失及办卡手续烦琐、费用高等问题。随着深度学习在人脸识别中的应用，人脸识别准确率得到了极大提升，为解决传统社区门禁管理提供了一种新的思路。智慧服务平台依托一系列人脸识别设备，创造出一整套应用于智慧社区中的"一脸通"系统，彻底解放业主双手，提升访客体验，同时通过生物特征代替传统刷卡，提高了社区整体安全防范标准。

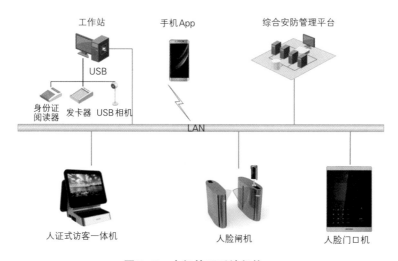

图5-5　人行管理系统架构

如图5-5所示为人行管理系统架构。

"一脸通"系统将人脸特征作为身份识别的依据，并以此为基础，借助视频技术、大数据、深度学习技术等，实现智慧社区日常管理的信息化和身份识别统一化。"一脸通"系统包含门禁、人员通道、访客、考勤等多场景不同类型出入口人脸身份验证，可用于物业人员、业主和外部访客人脸权限验证。

（三）周界安防系统

整个社区的周界防范由周界监控枪机、制高点监控球机、智慧社区平台监控系统模块、智能分析系统、大屏系统等构成。智能监控系统拥有多种设备，如放置在前端的智能摄像机、智能分析盒、智能DVR/NVR[1]，也有放置于监控中心的智能服务器等，可根据实际情况灵活选用。

此外，在社区出入口、服务中心、设备房、会所、监控中心等重点场所部署监控摄像机，对社区关键点位的现场环境和人员状况进行全天候的视频图像实时集中监控，可根据需要结合大屏发布上墙，系统联网可实现社区本地或远程多级动态监控；系统支持手机、iPad等移动终端查看方式，随时随地、灵活便捷。

如图5-6所示为绿城服务集团的智能鹰眼监控系统，业主可以在智慧社区平台业主端App上随时查看社区公共部位的监控画面，如社区主出入口、社区游乐场等；物业工作人员可以在管理端App和管理后台随时查看社区重点部位的监控画面，如监控室、门岗、机房门口、机柜上方、漏水

---

1 DVR（Digital Video Recorder）：数字视频录像机。NVR（Network Video Recorder）：网络视频录像机。

监测点等。

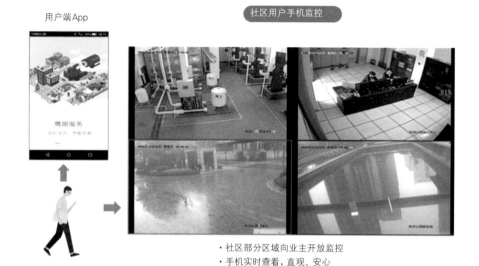

图 5-6　智能鹰眼监控系统

（四）防疫防控系统

面对新冠肺炎疫情，对社区居民排查、对流动人员健康情况快速筛查、将防控政策准确及时传达，成为当前防控疫情的重要措施。智慧社区平台防疫管控模块通过前端的智能设备，结合热成像摄像机、智能摄像机、手持式额温枪、车辆识别系统进行前端风险识别，对各个风险点进行安全预警并反馈到平台（图5-7），整个防控过程无须人员接触，在前端可以实现以下功能：

（1）口罩识别：对未戴口罩的人进行声光警告，并记录其在社区的行走轨迹。

（2）体温检测：通过红外线热成像仪，实现非接触式测温，对体温异常的社区居民发出声光报警，提醒物管人员采取下一步措施。

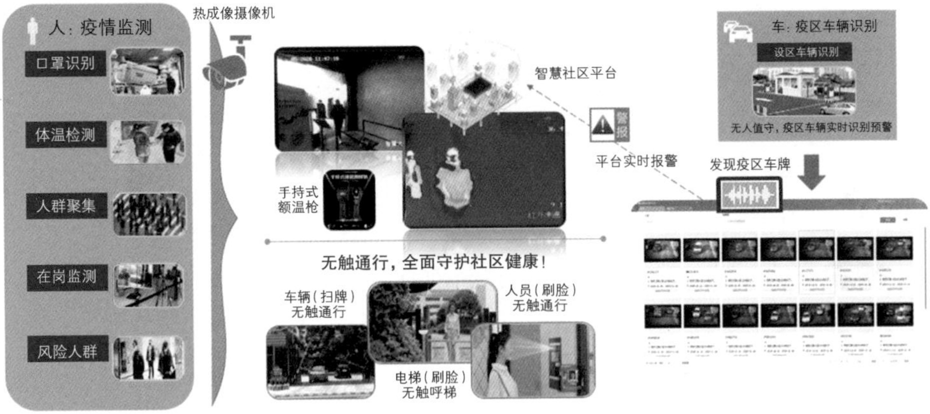

图5-7 社区防疫防控系统

（3）人群聚集预警：对区域人员过于集中的情况，自动进行算法识别，提醒物管人员采取下一步措施。

（4）在岗监测：监测位于疫情防控岗的物管人员是否处于正常的工作状态，对于人员长时间离岗及时进行报警。

（5）风险人群：通过前端智能识别风险人群，进行轨迹跟踪。

（6）疫区车辆识别：对属于疫区的车牌自动识别，进行风险预警。

（五）智慧消防系统

智慧消防系统通过各类传感器、无线通信技术、定位系统等信息传感设备，按消防监控系统约定的协议，将数据动态上传至智慧社区平台，把消防设施与互联网相连接，进行信息交换和通信，以实现消防智能化识别、监控和管理。如图5-8所示为智慧消防系统层级。

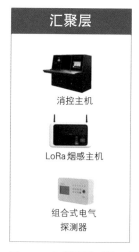

感知层：烟感 LoRa/NB-IoT；水系统采集 液压/液位；电气火灾 温感、剩余电流；蓝牙巡更/巡检；智慧消火栓

汇聚层：消控主机；LoRa烟感主机；组合式电气探测器

传输层：用户信息传输装置；物联网采集终端；电气火灾报警主机

图5-8 智慧消防系统层级

用户信息传输装置是消防远程监控系统的核心设备，用于获取和传输从消防控制主机得到的各类用户报警信息和设备状态信息，兼容各大厂商通信协议。如图5-9所示，智慧社区通过物联网技术对电气引发火灾的因

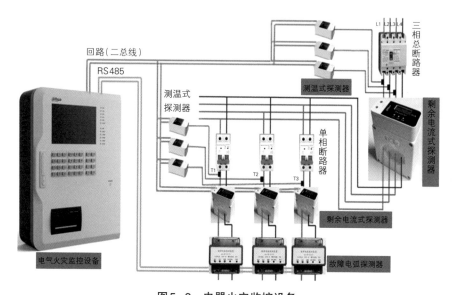

图5-9 电器火灾监控设备

素(导线温度、电流、电压和漏电电流)进行不间断的数据跟踪与统计分析,实时发现电气线路和用电设备存在的安全隐患,如线缆温度异常、短路、过载、过(欠)压及漏电等,有效预警电气火灾的发生。

此外,智慧消防系统还安装了智慧消防水源采集器(液位、水压)、物联网信息传输装置等设备,通过网络与智慧社区平台互联,构建智能消防水管网监控系统(图5-10)。物联网信息采集终端设备可与其他的关联产品配套使用,如液压传感器、液位传感器等,通过灵活配置组成物联网信息采集终端系统。

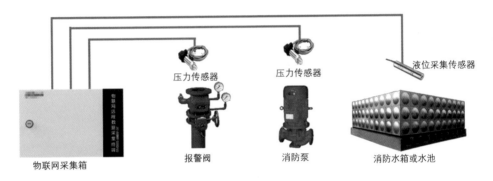

图5-10　消防水管网监测控系统

智慧消防平台构建了消防领域的协同作业管理平台(图5-11),把现场收集来的离散信息通过软件实现扁平化管理,在这个信息的基础上拓展协同作业管理平台,将社区、维护、监管三方建立在一个网格化的作业平面上,解决了信息孤岛、资源孤岛、技术孤岛的问题。

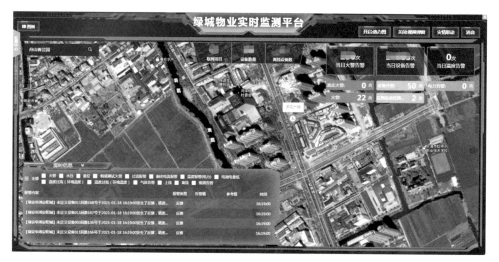

图5-11　社区智慧消防管理平台

（六）智能充电系统

从目前数据统计来看，我国已经成为一个电动自行车大国，电动自行车保有量约2亿辆，加之国家对绿色能源、节能减排等政策的支持，电动车数量逐步攀升，在数量快速飙升的同时，电动自行车充电过程引发的火灾事故呈逐年增长趋势。

智慧社区平台提供电动自行车充电服务和充电桩管理功能，针对电动自行车充电提供充电安全管理、资产管理和交易管理等一揽子解决方案，解决充电难、管理难和收费难的问题，大幅度降低物业管理成本，减小电动自行车充电管理成本，降低火灾和充电故障风险。如图5-12所示的智能充电系统具有如下功能：

图5-12　智能充电系统

（1）自助充电：能够通过手机一键支付、一键充值，方便快捷。

（2）实时监测：平台能对设备通道、电量、温度统一进行管理，并生成趋势曲线，了解充电桩的用电信息。

（3）异常报警：对前端的用电情况进行分析，一旦发现高温、烟感、空载短路等情况就会立刻反馈到后台，进行报警。

（4）手机同步：通过手机App端，可实时查看充电情况，了解充电进度。

（5）远程监控：结合充电桩处安装的监控，能实时对整个充电桩进行可视化管控，一旦发现异常情况能第一时间处置。

（七）社区信息发布系统

信息化的浪潮席卷了社会的每个角落，也唤起了人们对住宅的更高要求。数字化、信息化社区将是住宅小区建设的必然趋势，这能极大地提升物业工作的管理效率，同时也意味着及时、全面、丰富的咨讯报道，优质、高效的信息服务以及全新的社区文化氛围。通过建立无纸化的社区物业信息发布系统，一键发布、高效传播、绿色透明，瞬间拉近物业与业主的沟通距离。

基于多媒体的社区信息发布系统有效地解决了物业部门和政府的信息发布渠道畅通问题，多媒体信息发布系统在中心管理部分对所需要发布的信息进行上传、审批、发布；在发布渠道方面集合了社区室外大屏、社区电梯屏、手机App、手机短信、微信公众号等，可以按照需求和范围进行信息的及时发布。发布的信息包括文字、图片、语音、视频等多种形式。通过如图5-13所示的社区信息发布系统，业主不仅可以接收社区通知、活动预告、天气预报、疫情信息、政策咨讯，还可以了解社区商家活动、办事流程等信息。

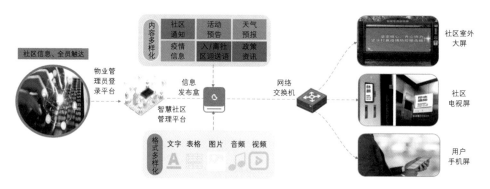

图5-13　社区信息发布系统

（八）场馆预订系统

随着经济水平的不断提高，社区内的篮球场地、游泳池、广场舞场地、会议室、大礼堂等配套设施不断完善，居民日常生活需求日益丰富，场馆管理也成为现代社区管理的重要基础性工作。尽管物业信息化工作已经开展多年，很多物业公司也都建立了自己的物业管理系统，但社区内部场馆的管理依然是信息化工作中容易被忽略的环节。

　　智慧社区平台开发了场馆预订功能模块，社区物业首先通过后台发布场馆信息，包括场馆名称、地点、类型、面积、容纳人数。信息发布通过以后，社区业主可以在App端查看到对应的场馆信息，如果需要预订，则选择对应的场馆、时长、开始和结束时间，从而完成场馆预订。使用场馆预定系统，可以有效盘活社区资源，满足业主场的馆使用需求，一举两得。

（九）智慧缴费系统

　　智慧社区平台导入业主缴费清单后，业主可在App端查看缴费信息，并在线上缴费，完成缴费后，缴费状态自动更新，如图5-14所示为智慧缴费系统示例。

打开生活缴费　查看缴费科目/明细　选择支付方式/完成缴费　　管理后台查看缴费信息、智能统计与管理

图5-14　智慧缴费系统

　　用户通过手机App端进入生活缴费界面，查看需要缴费的科目，如水费、物业费、车位费、电费等，核对缴费明细，选择相应的支付方式，可选择一项或者多项一起进行缴费，足不出户，方便快捷。

　　智慧缴费系统使业主不受时间限制，可以随时在线上缴费，同时也节省了物业人员线下收费的接待时间，方便物业公司实时掌握各项目费用收缴情况，并可以减少因人工收费出现错缴、漏缴、收到假币等情况造成的损失。

（十）智能快递系统

社区业主时常因上班或出门在外而无法接收快递，在社区部署智能快递柜，快递员将快递放到快递柜内，第一时间通过用户App通知业主，业主随时收件。智能快递柜解决了业主收快递的麻烦，同时还确保了业主居住场所的私密性。智能快递系统基于物联网架构，依托高速网络将业主的基本信息和购物信息传输到智慧社区平台，闭环形成业主大数据（真实、有效）储备，可以通过大数据分析，挖掘业主使用习惯、购物喜好，更有针对性地向业主提供高价值的服务。智能快递系统具有以下优势：

（1）保护业主隐私：在社区内设置智能快递柜，避免了快递员上门，全面保护业主居室隐私和安全。

（2）方便业主收件：快递员将快递存放到快递柜内，并通过业主App第一时间通知业主，业主方便时再来取件即可；支持密码和二维码取件方式（二维码为主），为业主带来极大便利。

（3）信息发布：系统支持社区信息发布功能，可以基于智能快递柜显示屏进行社区通知和服务信息展示；也可以发布第三方服务信息。

（4）大数据分析：业主的快递信息上传至智慧社区管理后台汇总统计，闭环形成业主大数据（真实、有效）储备，可以通过大数据分析，挖掘业主的使用习惯、购物喜好等信息，以便为业主提供更有针对性、更具价值的服务。

（5）节省物业管理用房：1台快递柜主柜可最多配置15个副柜，节省物业管理用房。

（6）增值收益：社区物业可基于智能快递柜，向快递公司收取快递存放费用；也可以开展柜体广告运营，产生新的增值收益。

▌ 二　智慧服务

智慧社区服务是指利用各种智能技术和方式，整合社区现有的各类服务资源，线上线下相融合，为社区群众提供政务、商务、娱乐、教育、医护及生活互助等多种便捷服务的模式。运用现代信息技术和系统的方法、创新的思维，围绕服务对象、服务主体、服务形式、服务类别、服务层次、服务供给进行智慧社区的总体规划和顶层设计。从应用方向来看，"智慧社区"应实现"以社区商业提高居民生活品质，以社区康养提供全面养老服务，以全龄教育覆盖社区居民，以邻里社交融洽邻里管理，以智能家居打造智能生活"的目标。

绿城服务正全面构建从少儿至老人、从医疗至殡葬、从学前教育至老年大学，覆盖人的全生命周期的服务链，更好地帮助业主去尽享品质生活，实现理想居住的梦想。例如亲情服务，是物业服务从"满意服务"到"感动服务"的跨越——用心做事，向业主提供个性化服务，从满意到感动；用情服务，在服务过程中，处处时时动之以情；以充满亲情的、细致入微的人性化的物业服务给业主的生活、工作带来愉悦、温暖、舒心的感受，以达到让业主满意、让业主惊喜、让业主感动的效果。随着社区居民的生活日益丰富，对教育的需求也越来越强烈，绿城服务公司通过整合教育资源，依托智慧社区平台，营造"全员覆盖、全龄学习"的社区新文化氛围，针对不同年龄段，打造多个应用服务。

（一）社区商业系统

智慧社区平台提供社区商业服务，可实现到家类、在线购物类、预订类商业服务及运营手段，接入商业产品，构建商业生态，在平台上进行销售，提供秒杀、拼团、外赠、红包、售后退款等功能。如图5-15所示为社区商业生态及服务方式。

图5-15 社区商业生态及服务方式

通过社区商业服务，基于O2O模式满足社区用户商业购物需求，打造社区商业新零售，同时通过社区商业运营，增加社区物业运营收益。

社区商圈可根据业主商业购物需求，提供包含生鲜蔬果、粮油副食、食品酒饮、到家服务、个护化妆、健康养生、数码家电、家装4S、特色旅游等服务内容。业主通过App加入相应服务的商品列表，进行商品选购。

除了线上的商业布局，随着社区的新零售服务渠道越来越多，盈利点也越来越密集。针对用户更注重其体验感、便捷性的特点，智慧社区平台基于绿城优质商业生态，推出了两类不同的便利店（绿橙 GreenMart 和绿橙

Pro便利店），满足不同类型用户的新零售需求。

1. 绿橙 GreenMart（图5-16）

绿橙 GreenMart 打造互联网商业生态，包括绿橙便利店、绿橙生鲜店两大店型，整体以供应、仓配、前端三大体系构建适合社区业主的全场景消费，充分发挥绿城社区商业服务优势，贴近业主日常生

图5-16　绿橙 GreenMart

活，以"生鲜店+前置仓+社区闪送"的"多腿快跑"模式，为业主提供实体店+App的O2O购物服务体验。

2. 绿橙Pro便利店（图5-17）

绿橙Pro便利店打造全新形态的社区零售商超模式，24小时无人值守，全程自助购物，为业主带来不一样的便捷商购体验。无人值守对技术体系建设和设备提出了很高的要求，绿橙Pro便利店集成了自助收款机设备及方案、RFID

图5-17　绿橙Pro便利店

标签及识别方案、数据采集和防盗方案等技术。

(二)社区养老系统

社区养老是以家庭养老为主、社区机构养老为辅，在居家老人照料服务方面又以上门服务为主、托老所服务为辅的整合社会各方力量的养老模式。这种模式的特点在于：让老人住在自己家里，在继续得到家人照顾的同时，由社区的有关服务机构和人士为老人提供上门服务或托老服务。

由此，绿城服务基于智慧社区平台搭建社区养老服务系统，为社区老人提供巡视探访、膳食供应、生活照料、健康管理、精神关怀等综合性服务。如图5-18所示为社区养老系统的服务模式。

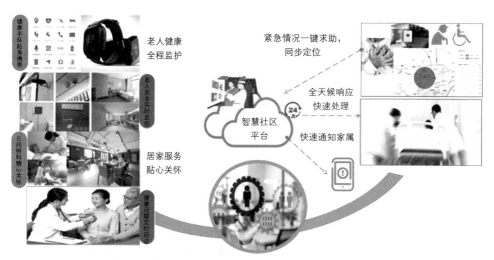

图5-18　社区养老服务系统

通过一段时间的健康回访、居家服务、定期监测，老人能及时发现健康问题。如遇突发意外，老人能通过健康手环来进行一键呼叫报警。报警后，该报警能立马生成工单，通过智慧社区平台快速通知物管人员以及家属，同时将定位信息在地图上展示，以此来保证业主的健康，提升业主的安全感，真正将社区养老变成没有围墙的养老院。

（三）社区教育系统

随着社区居民的生活日益丰富，对教育的需求也越来越强烈，通过整合现有的教育资源，依托智慧社区平台，营造"全员覆盖、全龄学习"的社区新文化氛围，针对不同年龄段，打造多个应用服务。如图5-19所示为社区全龄教育系统。

图5-19 社区全龄教育系统

（1）0～6岁幼儿教育：打造社区幼托中心和云视频监控系统，让家长能够放心地把孩子放到社区中学习，通过远程视频监控，家长能实时查看孩子的教育、生活情况。

（2）0～15岁学龄教育：分别打造了奇妙园、4点半课堂、海豚计划、湖畔琴声等多个品牌服务，为学龄人员提供服务，在为学生提供服务的同时，减轻家长负担。

（3）15～60岁中青年教育：通过线上线下相结合的教育方式，线上知识学习，线下活动组织，给全社区的中年人和青年人一个充分交流学习的平台。

（4）60岁以上老年教育：创办颐乐学堂、老年大学，打造其乐融融的老年人学习专属平台。

（四）邻里社交系统

通过邻里社交系统（图5-20），每一位业主及家人都可以在社区中结识志同道合者，不仅通过这个邻里守望、互助、共治平台增加与邻里的交流互动和学习分享，实现资源和人脉的共享，还能通过自己的努力为自己、邻里以及孩子和老人创造一种美好、和谐、富有文化的社区生活氛围。

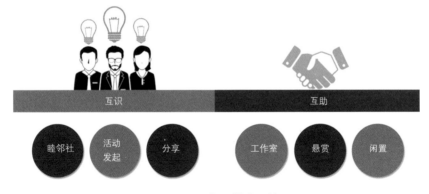

图5-20   邻里社交系统

邻里社交平台提供社区活动、爱分享、组局活动、邻里互助等服务，通过一系列活动和线上运营，打造幸福和谐的邻里环境。如图5-21所示为邻里社交平台服务界面。

图5-21 邻里社交平台服务界面

（1）话题：社区管理人员在智慧社区后台管理所有话题帖子，对违规帖可以及时处理，也可以发起话题讨论。业主通过手机App参与社区话题互动。

（2）社群：社区管理人员根据业主群体的兴趣爱好和特点，在智慧社区后台设置各类社群；业主通过手机App选择社群，共同参与交流。

（3）工作室：业主通过手机App申请开通自己的工作室，进行特产、手工制品推荐等；社区管理人员在智慧社区后台审核并管理居民的工作室。

（4）志愿者：业主通过手机App选择类型，填写信息，申请志愿者，其他业主通过手机App向志愿者咨询；智慧社区后台查看、审核，管理志愿者信息。

（五）智能家居系统

智能家居是利用综合布线技术、网络通信技术、安全防范技术、自动控制技术、音视频技术将家居生活有关的设施集成，构建高效的住宅设施与家庭日程事务的管理系统，提升家居安全性、便利性、舒适性、艺术性，并实现环保节能的居住环境。

通过物联网技术将家中的各种设备（如音视频设备、照明系统、窗帘控制、空调控制、安防系统、数字影院系统、影音服务器、影柜系统、网络家电等）连接到一起，基于智慧社区平台提供智能照明、报警按钮、智慧控制、智能门锁、智能窗帘、智能影音、环境控制、厨电控制和智能烟感等多种功能。与普通家居相比，智能家居不仅具有传统的智能居住功能，兼备家居安全、信息家电功能，提供全方位的信息交互服务。业主可以通过手机App远程操作，便捷控制智能家居，随时查看家庭生活和家居情况，体验真正的智慧家居物联服务（图5-22）。

图5-22　社区智能家居应用

▌ 三　价值体现

　　绿城服务的智慧社区方案不仅仅对物业和居民有巨大的价值，对政府的管理也有不可估量的价值。智慧社区的搭建，健全了社区基层治理体系，打造了数字化治理新模式，以 AIoT 为基石，开展精密治理；以数据为指引科学防控，党建工作深入，治理工作有序，打造"基层防控、居民联控"的治理新格局，社区治理变智理，保障社区长治久安。

　　智慧社区的方案一方面加强了基层党建引领，解决了传统社区基层党建工作不扎实、难深入的老大难问题，在线组织党建活动、快速传达党和政府政策、全面掌握社区民情民意，对党建活动的参与情况全程掌握，结合大数据智能分析活动效果，进行党建活动管理、党建活动评价和党员积极分子评优等，协助提出改进和提升建议，让党建工作在社区常态化开展，巩固社区基层党建主阵地。

　　另一方面实现社区治理下沉。通过智慧社区建设，从地域安全角度强化社区网格化工作，将网格化管理搬到线上，一标三实、人房关联，社区流动人口信息全面掌控，有效缓解了社区警力及网格员不足的压力，管理效率大幅度提升；从人员管控角度，由于运用了物联网和视频采集技术做到全天候、无死角、无感知采集人车物事等基础信息大数据，结合人工智能分析，针对人员与事件进行动态侦测、信息比对、自动预警，实现社区人、财、物、事精确定位，恶性事件精准打击，促进社区安全性大幅提升。

　　同时还实现了社区居民自治。依托智慧社区建设，加深居民之间的沟通和了解，打破传统社区邻里关系淡漠局面，通过线上化自治工具的提供，让社区居民组织信息、活动信息、服务信息等瞬间在居民全员传达，社区民情民意互通，促进更多的社区居民踊跃加入志愿者服务队伍，释放居民互帮互助的正能量，激发共同参与热情，实现居民配合政府参与社区自治共管的大好局面并形成良性循环。

第 三 节　物业服务的科技化思考

绿城服务集团对外树立"科技绿城"品牌，对内植入"科技为先"企业文化，加强对科技在助力业务降本增效和价值创造方面的研究，前瞻性地考虑未来3至5年的集团业务发展需求和技术发展趋势，从实际的业务价值出发，采用业界先进的技术架构体系和流程管理理念。绿城服务集团的科技化探索，给整个物业服务行业带来启发和思考。

一　客户管理

市场竞争的加剧和信息技术的发展，使得企业竞相采用新的手段来保持或赢得竞争优势，市场已从卖方市场转向买方市场，客户正成为企业争夺的焦点。在新的市场环境下，传统的生产导向、产品导向、技术导向、市场导向等已经不再能够使企业持续获得竞争优势。客户关系管理是一种以客户为中心的商业哲学、商业战略和企业文化，其重点是关注于吸引、满足和保留高价值客户的运作和管理，使客户关系处于最佳状态，起到后端营销的效果。

服务时代最重要的特征就是客户思维、客户体验，客户体验对消费决策的影响力已经超过了品牌传播，与其说我们进入了一个服务时代，不如说我们进入了一个体验时代。调查发现，80%的企业认为他们提供了卓越服务，但现实中只有8%的客户同意这种说法，也就是供应方和需求方之间的感受度存在巨大差异。所以，在服务时代向体验时代过渡的过程中，我们要思考以下问题，一是向客户提供什么样的产品，二是如何携手业主建立"共治、共建、共筑、共享"的联动管理机制。对此，整个物业行业中的各企业可以利用大数据分析精准定位目标客群，依托大数据分析，综合评估客户消费能力、收入水平。利用个人客户价值挖掘系统，赋予服务平台日常营销工具，对重点客群进行营销，并积极构建客户管理框架、制定用户模型，树立一种长期的客户服务理念及文化，持续、科学、体系化进行客户管理。

二 服务运营

在客户需求和企业需求发生变化的今天，物业服务应努力拓展服务领域和服务模式，成为空间价值的创造者、智慧办公的助力者以及美好生活的连接者。

随着十八大对现代服务业发展和推进新型城市化建设的政策提出以及居民对房屋居住要求的提升，物业商业模式创新成为新形势下提升企业竞争优势的关键因素。同时，随着移动互联网的不断普及，如何借助移动互联网的思维和技术进行物业商业模式创新也是一个业内共同探讨的话题。在移动互联网的时代背景下，越来越多的线下服务将转变为线上服务，市场是一个优胜劣汰的地方，移动互联网的兴起也就意味着它的优越性被市场所接受，也证明了基于移动互联网的物业服务模式的可行性。因此，物业行业的服务运营应立足移动互联网，以加快现代物业管理服务的发展步伐。

另外，通过"大"物业端运营的接入，人力资源和场地资源的价值得以最大化复用；同时，内化"开发＋运营""线上＋线下""普适＋专题"的培训支撑体系，以生活管家培训为载体，不断提升专业团队的服务能力、传承以人为本的服务基因，更好地实现物业行业的服务运营。

▎三 财务管理

近年来，随着互联网技术的迅猛发展，云计算、大数据等新的信息技术应运而生，不仅有效提升了企业的管理水平，而且对企业的财务管理产生了深远影响，同时，也给整个物业行业如何有效利用这些技术、实现高效财务管理带来一些思考和启发。

1.利用大数据增强服务业防范财务风险的能力

风险的识别与防范是企业财务管理的一项基本职能，同时也是一项关键职能。在传统财务管理理念中，风险的识别与防范虽然在一定程度上突出了风险性与不确定性的差异，但是在实践中很多服务企业仍然将其等式化，因此在进行风险识别与防范时基本上是以资本结构的动态调整来实现风险的降低和分散，这种模式本身就存在一定的弊端。而在大数据背景下，企业可以利用充分的数据分析对风险进行预测，及时发现一些概率较小、危害较大的风险，并降低对于金融工具的依赖性，从而有效增强其财务风险的防范能力。

2．打破财务决策信息的边界

大数据时代对数据信息的共享提出了更高的要求，企业的各项信息资源必须进行重新整合，以消除企业内部的信息孤岛。在此基础上，企业的财务管理已不仅仅是传统意义上的财务管理，而是将企业的资金资源、成本控制、金融业务和财务管控等一系列模块进行有机统一管理，从而有效打破了财务决策信息的边界，为进一步发掘企业价值提供了管理基础。

3．大数据时代服务行业投资决策的现金流折现基础将会产生变化

大数据技术能够有效解决传统的投资决策现金流和预计现金流问题。传统的现金流折现评估决策只适用于重资产行业，对于生活服务等轻资产行业却不适用，大数据的海量信息资源、实时分析、高效处理等优势能够直接为数据的反馈、验证带来较大的便利，这将对现金流较多的投资项目估计的准确性提供保障，这种反馈会为生活服务企业的后续投资带来更高的成功概率。

四　人才资源

人力资源获取主要包括人力资源规划、员工招聘与挑选。人力资源规划方面，基于对不同层级、不同部门的工作任务和现有员工的定量数据分析，确定企业对人员数量和质量的定量需求，进而制定细粒度、精准化和个性化的人力资源规划。员工招聘与挑选方面，首先通过频繁项集和关联规则分析等手段，进行深度挖掘以形成优秀员工的品质需求（如年龄、教育背景、工作经历等），进而对目前互联网大型职业招聘平台进行对比分析，实现自动化、主动式、精准导向的人才招聘和挑选。

传统的人力资源管理方法依赖人力资源规划、招聘与配置、培训与开发、绩效管理、薪酬福利管理以及劳动关系管理等六大模块，实现对人力资源的获取、整合、保持、评价和发展，主要强调三方面内容：第一，对人力资源的控制，即通过完善的制度和规范的流程实现人事管理的高效运作；第二，对人力资源的服务，即通过专业理论和实践经验实现人力资源的效率最大化；第三，对人力资本的预测和决策，即通过前瞻性的分析洞见实现投资收益的最大化。

相比于传统人力资源管理方法，大数据驱动的智能人力资源管理具有以下优势：

（1）依据大数据感知手段，对人力资本进行客观分析和直观展示，体现以人为本的管理思想，实现对人力资源细致且全面的洞察力。

（2）基于智能化分析方法，对人资管理进行定量评估和定性预测，提供宏观和微观的多层次分析，优化人力资源管理的前瞻性决策力。

因此，物业行业在人力资源管理方面可以遵从"人工智能＋"的指导思想，使用"数据感知＋知识认知""智能分析""精准洞察＋决策支持"的设计思路。可以使用社交网络分析方法，对公司内部不同粒度的员工群体和个人进行社交分析，包括群体目标、行为、融洽度以及个人态度、合作度的挖掘，以达到企业内部人力资源的多粒度整合和调控监管，如部门融洽度分析、小群体识别等，使企业内部形成高度的合作与协调，提高企业的生产力和效益。

五 隐私安全

现在，大数据背景下存在着一种矛盾，即资源共享与隐私数据保护之间边界模糊。根据中国信息通信研究院大数据调查发现，如今很多企业都应用了大数据，并且成立了数据分析部门，而且相当一部分企业使用动态数据分析技术，更加重了个人隐私泄露的可能性。如今企业越来越依赖于大数据，一旦大数据发展受到阻碍，企业的发展也将面临困境。制约企业大数据发展的因素主要有隐私保护政策、数据资源短缺、数据人才缺乏、技术能力不足、应用模式不清晰等。因此，要格外重视隐私安全问题，处理好资源共享与隐私数据保护之间的关系。对于物业行业来说，可以从以下三个方面来处理隐私安全问题：

一要完善行业标准，制定法律法规。不同的企业可能分属不同的行业，对于不同的行业，使用大数据的程度可能有所不同，因此需要制定不同的标准。对于互联网大数据等产业，应该制定更加严格的行业标准，加强这些行业的技术性保护要求。对这类行业侵犯用户隐私信息的行为，要加大惩罚力度，以此提升行业自律性，让企业不敢侵犯、不愿侵犯。但是，我国相关法律设施还不够完善，对于个人信息保护的法律法规少之又少。目前，直接保护个人信息法律的主要有《中华人民共和国身份证法》，而专门的个人隐私保护法还未成型。

二要加大宣传，提升个人隐私数据保护意识。随着互联网的发展，越来越多的人喜欢在网上分享他们的所见所闻，个人信息不经意间就在网上传播开来，很容易被不法之徒所利用。有些信息一旦在网上发布或在一些恶意软件注册将很难消除，将对个人造成持久影响。提升个人隐私保护意识迫在眉睫。

三要加强企业保护意识和政府监管。企业在大数据时代扮演着重要角色，大型互联网企业越来越重视用户的信息保护，也积极支持个人隐私信息保护，并且号召制定隐私保护政策。而更多的中小型企业也需要加强隐私保护意识，隐私保护意识淡薄不仅在个人也在企业。政府应该加强对企业的监管：一是督促企业加强政策学习，并且实行奖惩制度，对积极营造生态信息社会的企业进行表彰，对违法侵害用户权益的企业严加惩罚，打击不法行为的发生；二是营造社会隐私保护氛围，加强各级政府宣传力度，普及个人隐私安全保护的共识，使这一意识深深扎根于人们心中，如地方政府可以定期组织企业负责人进行培训学习，并把这一思想贯彻在企业中。

六　物联网应用升级

（一）智能安防

智能安防最核心的部分在于智能安防系统，该系统可以对拍摄的图像进行传输与存储、分析与处理。一个完整的智能安防系统主要包括三大部分，门禁、报警和监控，行业中主要以视频监控为主。由于采集的数据量足够大，且时延较低，因此目前城市中大部分的视频监控采用的是有线的连接方式，而对于偏远地区以及移动物体的监控则采用4G等无线技术。

门禁系统在日常生活中以感应卡、指纹以及面部识别为主。门禁系统可以联动视频监控系统来抓拍、远程开门、探测手机位置及分析轨迹。

（二）智能家居

智能家居的发展分为三个阶段，单品连接、物物联动以及平台集成，当前处于单品连接向物物联动过渡的阶段。物联网应用于智能家居领域，能够对家居类产品的位置、状态、变化进行监测，分析其变化特征，同时根据人的需要，在一定的程度上进行反馈。

（三）智能零售

智能零售依托于物联网技术，主要有两大应用场景，即自动售货机和无人便利店。按照距离，行业内将零售分为三种不同的形式：远场零售、中场零售、近场零售，三者分别以电商、商场/超市和便利店/自动售货机为代表。可以将传统的售货机和便利店进行数字化升级、改造，打造无人零售模式。

（四）电梯监控

通过大数据分析技术，对整个电梯监控系统进行预测性维护，对存在安全隐患的电梯进行提前处理，防止意外事件发生。利用大数据深度处理技术、智能故障识别及健康度评估，对整个系统定时全面检测，提高安全防护级别。

七　人工智能应用升级

（一）智慧物流

智慧物流是新技术应用于物流行业的统称，指的是以物联网、大数据、人工智能等信息技术为支撑，在物流的运输、仓储、包装、装卸、配送等环节实现系统感知、全面分析及处理等功能。智慧物流的实现能大大地降低各行业的运输成本，提高运输效率，提升整个物流行业的智能化和自动化水平。物联网在物流行业中的应用体现在三个方面，即仓储管理、运输监测和智能快递柜。

（二）智慧办公

智能办公系统能够为用户搭建安装简单、操作容易、性价比高的多元化办公室。

1.智能灯光控制

对现有的智能灯光照明系统进行升级，通过人体感应和声控自动控制灯光，在必要的场所实现人来灯亮，人走灯灭，无须手动打开开关。还可以智能控制电源开关，用手机对灯光照明系统进行智能化管理，不仅让员工的工作生活更加便利，还节约了能源，降低了公司的费用成本。

2.场景控制

在办公环境内设置场景控制系统，可实现会议模式、午休模式、上班模式、下班模式等多种场景，方便实用，节约电能；还能使用一键式管理或语音声控灯光调控、空调开关、窗帘与投影幕布的开关。例如，可以提前设置"会议模式"，开会时只需要说"我们要开会了"，灯光、窗帘、电器就会等自动开启"会议模式"。

3.智能联动

智能联动系统可以装载在每个员工的办公室内，上班时间一到，员工进入办公室后，智能门锁可以联动全屋电器，办公室的灯开启、空调开启、电脑等也开始运行。当下班回家时，如果最后一个人离开，办公室里的灯、空调、电脑等电器就自动关闭。

█ 八 智慧城市应用升级

（一）智慧能源

智慧能源也属于物业的一个部分，当前，可以将人工智能技术应用在能源领域，主要用于水表、电表、燃气表等表计以及根据外界天气对路灯的远程控制等，基于环境和设备进行物体感知，通过监测，提升利用效率，减少能源损耗。根据实际情况，智慧能源分为四大应用场景：

1.智能水表

在现有水表的基础上采用先进的窄带物联网（Narrow Band Internet of Things，NB-loT）技术，能够实现远程采集用水量，以及提供用水提醒等服务。

2.智能电表

设置自动化、信息化的新型电表，能够远程监测用电情况，并及时反馈。智能电表与用户的App绑定，将每个家庭的用电情况、用电故障申报等功能设置其中，可以让用户更好地了解用电详情和体验良好的用电环境。

3.智能燃气表

通过现有的传感器检测技术，将每家每户的用气量传输到燃气集团，无须入户抄表，就能显示燃气用量及用气时间等数据。

4.智慧路灯

在小区的路灯上搭载传感器等设备，实现远程照明控制以及故障自动报警等功能。还能实现太阳能发电和风力发电。

（二）智慧消防

传统消防相比，智慧消防是利用物联网、大数据、人工智能等技术让消防变得自动化、智能化、系统化、精细化，其"智慧"之处主要体现在智慧防控、智慧管理、智慧作战、智慧指挥等四个方面，智慧消防就是借助当前最新的技术，实现从防控到现场调度的自动化、数据化、精准化和智能化，从消防到安防，给小区和公司带来全方位、更高效、更智能的安全保障。

（三）智慧建筑

互联网应用于建筑领域，可以体现在用电照明、消防监测以及楼宇控制等方面。建筑是园区建设的基石，技术的进步促进了建筑的智能化发展，物联网技术的应用，能够让建筑向智慧建筑方向演进。智慧建筑越来越受到人们的关注，是集感知、传输、记忆、判断和决策于一体的综合智能化解决方案。目前我们可以在智慧建筑的用电照明、消防监测以及楼宇控制方面进行升级，将整个楼宇的数据进行整理感知、传输并远程监控，不仅能够节约能源，同时也能减少楼宇运维人员。

▌ 九　物业规范化

近年来,《国家新型城镇化规划(2014—2020年)》的推进以及中国房地产市场持续发展,为物业管理行业提供了广阔的发展空间。在新型城镇化指标中,我国社区服务机构覆盖率呈缓慢上升趋势,其中城市社区综合服务设施覆盖率维持窄幅波动,而农村社区综合服务设施覆盖率增长较快。公共服务设施总体上划分为两种:一种是以政府投资为主体,如市区图书馆、市区学校等;另一种是以开发商投资为主体的社区型设施。开发商作为基础设施的投资者,物业公司作为后续服务的提供和维护者,成为实现城市社区综合服务设施覆盖率这一目标的后续稳固保障。数据显示(图5-23),2019年城市社区综合服务设施覆盖率为92.9%,相比2014年有所上升,而农村社区综合服务设施覆盖率则从2014年的25.5%上升到59.3%,可以预见的是未来农村社区综合服务设施覆盖率仍会逐步上升。从图5-24中可以看出,2019年中国乡村振兴规划落地见效,我国城镇化水

图5-23　2014—2018年社区服务机构和设施覆盖率

平继续提高，城镇化指标从2011年的51.27%到2019年的60.60%，突破60%大关，按国际标准，一个国家的人口城镇化率达到60%，就意味着已经基本实现城镇化，初步完成从乡村社会到城市社会的转型。未来几年中国城镇化率将持续增长，城镇化的速度将继续平稳下降，预计到2035年，中国城镇化比例将达到70%以上。

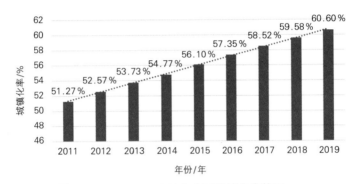

图5-24　2011—2019年中国城镇化走势图

　　我国物业管理行业虽然已经发展了30多年，但还是存在一些问题，如行业效率低、风险高、物业定位失衡以及行业主体成熟度低等问题。这些传统物业行业所暴露出来的问题需要新的商业模式、政府法规配套完善以及品牌企业的出现来逐步解决。表5-1所示为物业管理行业相关政策。

表5-1　物业管理行业相关政策

发布日期	颁布机关	名称	政策内容
2009年12月	住建部	《业主大会和业主委员会指导规则》	规范业主大会和业主委员会的活动
2012年12月	国务院	《服务业发展"十二五"规划》	要求建立和完善旧住宅推行物业管理的长效机制，探索建立物业管理暴涨机制，提高旧住宅物业服务覆盖率

发布日期	颁布机关	名称	政策内容
2014年12月	发改委	《关于放开部分服务价格意见通知》	放开非保障性住房物业服务管理发展
2015年5月	住建部	《住房和城乡建设部关于修改〈房地产开发企业资质管理规定〉等部门规章的决定》	删除《物业服务企业资质管理办法》（建设部令第164号）第五条第一项：1.注册资本人民币500万元以上；第二项：1.注册资本人民币300万元以上；第三项：1.注册资本人民币50万元以上
2015年11月	国务院	《关于加快发展生活性服务业 促进消费结构升级的指导意见》	提出要推动物业管理发展
2016年8月	住建部	《住房城乡建设事业"十三五"规划纲要》	以推进新型城镇化战略为契机，进一步扩大物业管理覆盖面，健全物业服务市场机制，完善价格机制，改善税收政策，转变物业服务发展方式，创新商业模式，提升物业服务智能化、网络化水平，个人住房公积金允许用于支付自住住房物业费
2018年3月	住建部	《住房城乡建设部关于废止〈物业服务企业资质管理办法〉的决定》	住建部决定废止《物业服务业企业资质管理方法》（建设部令第16号）
2019年	发改委	《产业结构调整指导目录（2019年本）》	对商务服务类的鼓励类共列举了9项，包括了租赁服务、工程咨询服务、产权交易服务、会展服务等，这些对经济社会发展有重要促进作用，有利于满足人民美好生活需要和推动其高质量的发展

国家发改委印发《服务业创新发展大纲（2017—2025年）》，鼓励服务提供商和用户通过互动开发、联合开发、开源创新等方式，构建多方参与的技术创新网络，促进人工智能、生命科学、物联网、区块链等新技术研发及其在服务领域的转化应用。浙江省发改委提出未来社区"三化九场景"概念，作为未来社区建设的标准。

虽然起步并不算太晚，但相当一段时期内，物业管理标准化仍属于个别大企业的"小众行为"。对于许多中小企业而言，在服务、管理和经营的多重压力下，标准化更像一个中看不中用的装饰品，属于锦上添花，不能雪中送炭。也有企业选择进行标准化认证，但其目的多是为了一纸证书用于宣传和招投标，厚厚的体系文件往往束之高阁，与日常管理形成"两张皮"。极少数在做，一部分在学，大部分在看，可以说是彼时的行业常态。

▎十　行业标准化

2014年之后，标准化工作在全国范围内、各行各业中全面升温。这一年，习近平总书记指示要加快标准化法的修订工作，使这一于2002年启动但中间停滞长达10多年的工作，开始驶入快车道。随后国务院提出《深化标准化工作改革方案》，各项工作齐头并进，而修订后的《中华人民共和国标准化法》于2018年1月1日施行，成为一个重要时间节点。同一时期，物业管理行业也是动作不断，国家物业服务标委会、中国物协标准化工作委员会、各业态联盟等相继成立，各业态物业管理指南、团体标准、课题研究报告、企业标准白皮书等先后发布，以标准化为主题的行业专题培训受到追捧，中小企业纷纷行动起来，等等。在此大背景下，中国物协把2019年确定为"标准建设年"，提出"聚焦服务标准化，让服务给顾客带来更多愉悦和满意"。

自100多年前标准化管理发端于美国的制造业以来，一谈标准化，人们首先想到的往往是流水线式的统一管控。对于物业管理来讲，早期的1.0版本时（以基础服务为全部内容），服务需求都是预设的和共同的，这种标准化逻辑还可以适用。但今天物业管理已步入2.0和3.0版本（前者以多元化增值服务为特征，后者以行业跨界融合为特点），形势正在发生根本性变化。

回顾一下手机行业，在功能机时代，通话清晰、待机时间长、结实耐用等通用功能是产品竞争力所在。但在今天的智能机时代，通用功能只是必要条件而绝非充分条件，除非能发掘、创造、满足用户的更多个性化需求，否则将无法获得一席立足之地。从乔布斯推出颠覆式的苹果手机，到华为最新推出折叠屏智能手机，都是例证。同样的逻辑，也适用于物业管理行业——单靠传统的"四保"服务而画地为牢，是难以长久立足的，更遑论超越竞争对手，获得顾客青睐。

量变引起质变，从某些知名品牌企业的战略表述上就能看出这种变化趋势。绿城物业一开始也是从"基础服务"到"差异化服务"，后来又从"园区生活服务商"演变为当前的"幸福生活服务商"。很明显，前者是共性服务为主，个性化服务为辅，后者则完全是以个性化的服务需求为导向。

上述变化并非偶然的个别现象，而是代表了一种行业趋势——标准化建设与个性化服务相伴而行，将成为企业两项并存的任务。从实际需要看，物业服务标准化本身应同时完成两个方向相反的任务——"演绎"和"归纳"。一个是面向现场服务管理，把抽象的标准文本"演绎"成具体的流程和方法，具有高度的可操作性；另一个是面向管理层，把行之有效的实践经验，"归纳"为明确的标准文件，具有高度的概括性。

从20世纪80年代初期的租售模式，到以产城融合为导向的生态链综合体模式，产业园区经历了多个发展阶段，绿城服务以物业服务为起点，从早期提供基础物业服务到企业增值服务，再到现如今创新产业园区服务体系，实施一体化的规划、建设、招商、运营服务，在产业园区积极构建开放共享、资源整合的产业生态圈，其在产业园区的服务演变与城市的更新发展相辅相成。

第四节　物业服务的科技化未来

随着消费水平的提高和社会文明进程的发展，业主对物业管理的要求越来越高，基础的物业服务已经满足不了业主与日俱增的需求，物业服务企业改革势在必行。

物业行业的发展已经步入了成长动力转换（兼顾存量市场及多元业态布局）、增长模式转换（并购和战略合作促成产业联盟共享渠道及服务资源）、盈利模式升级（借助科技手段及互联网思维改造传统物业服务行业）的时期，可以预见行业整合将进一步加速。

展望未来3年内的行业格局，物业服务仍将处于行业生命周期的成长期，总市场容量将快速达到万亿规模，其发展将呈现以下趋势：

（1）发展空间巨大，马太效应初显。行业竞争将进一步加剧，集中度的提升不仅能为头部公司带来更多的收入与合约面积，更将为头部公司带来更多显性和隐性资源，从而陷入强者恒强的正循环中。

（2）一、二线城市进入增量向存量过渡阶段，业主的物业服务消费意识觉醒。从我国前40大城市中已售商品房（期房）的面积来看，一、二线城市尤其是一线城市新房销售面积呈下降趋势，与此同时，更多存量市场业主愿意为优质服务支付合理价格。

（3）商写和公建物业增速稳健，市场空间可观。后勤社会化改革将释放短期弹性。

（4）以基础物业服务为触点向生活服务拓展，将成为物业行业未来业绩增长的核心驱动力。随着国民收入水平的不断提升，业主对于消费类生活服务的需求将成为行业的重要收入和利润来源。

（5）规模不经济效应和人口红利消失成为制约头部企业发展的主要瓶颈。作为劳动密集型行业，当服务面积超过人力的上限，形成规模不经济效应。加之业主对于服务期望值的提高，社会劳动力供给的数量和质量下降，品质物业公司容易陷入人才储备无法与公司快速发展相匹配的困境。

科学技术的运用、网络系统的开发和现代元素的注入，正在对传统的物业服务产生深刻的革命性影响。打造科技物业，执行标准化、规范化管理，可以更好地为业主服务，提升物业服务满意率，也能为企业带来新的经济增长点。作为物业服务企业，应当不断探索和思考，用动态的、变化的思维聚焦战略部署，明晰自身面临的机遇和挑战，厘清发展的思路和脉络，以科技为核心，实现企业的可持续发展。

参考文献

［1］陈玉萍.我国人力资源服务业的发展思路［J］.当代世界社会主义问题，2012（04）：54-60.

［2］戴鹏.我国产业调整和发展的财税政策研究［D］.成都：西南财经大学，2012.

［3］林小莉.以扩大开放提高我国服务业发展质量和国际竞争力［J］.现代营销（经营版），2019（10）：61.

［4］方涛.发展服务业与金融支持存在问题及对策［J］.现代商业，2013（32）：70.

［5］潘德蓓.生产性服务业发展与规划土地管理优化的互动机制研究［J］.上海国土资源，2016，37（04）：43-46.

［6］邵迪，任晓龙，张文铂.河北省现代生活服务业人才培养模式探析［J］.职业时空，2014，10（05）：87-89.

［7］来有为，陈红娜.以扩大开放提高我国服务业发展质量和国际竞争力［J］.管理世界，2017（05）：17-27.

［8］梁达.消费将成为经济增长的重要引擎［J］.宏观经济管理，2014（004）：21-23.

［9］任兴洲.推动服务业实现高质量发展［J］.上海质量，2018（04）：

8－12.

［10］刘长松.加快推动消费升级的政策建议［J］.开放导报，2019（05）：57－61.

［11］吕纪芳.物业管理行业发展现状与培训体系的构建研究［J］.经济管理（文摘版）：115.

［12］麻思蓓.机构知识库：图书馆的服务创新平台［J］.图书馆学研究，2017（02）：58－63.

［13］马立行.现行土地政策调整及其对现代服务业发展的支持［J］.上海经济研究，2010（05）：102－105.

［14］王晓晖.推动文化产业成为国民经济支柱性产业［J］.求是，2015，000（023）：11－13.

［15］夏杰长，张晓兵.中国现代服务业发展系列研究——我国现代服务业发展目标与战略思路［J］.经济研究参考，2012（46）：3－10.

［16］晓宇.央地新一轮人工智能政策密集落地 "AI+"成实体经济新动能［J］.经济研究参考，2018（60）：31.

［17］杨明品.智能终端与家庭互联：广电的重要主战场［J］.传媒，2018（04）：9－10.

［18］翟博文，陈辉林，赵魁，等.基于大数据的房地产困境分析与开发决策创新探索［J］.数学的实践与认识，2018，48（24）：12－21.

［19］刘席文，李玉光.基于物联网的现代服务业发展研究［J］.管理观察，2019（10）：109－110.

［20］何媛.基于网络技术的数字证书调用方法［J］.电脑知识与技术，2018，14（21）：79－80.

［21］温雅婷，靳景，洪志生.数字化激发服务经济新活力［N］.经济参

考报，2019-08-14（007）．

［22］徐宗本.数字化网络化智能化把握新一代信息技术的聚焦点［J］.网信军民融合，2019（03）：25-27．

［23］孟云霞，田一冉.论数字证书在网络安全中的应用［J］.科技经济市场，2018（04）：171-172．

［24］唐甜，尚子田.数字证书在网络安全中的应用价值分析［J］.信息通信，2018（02）：166-167．

［25］赛迪智库区块链形势分析课题组.2019年中国区块链发展形势展望［N］.中国计算机报，2019-03-04（012）．

［26］刘权，刘曦子.区块链产业规模将快速增长［N］.通信产业报，2019-01-07（010）．

［27］刘曦子.2019年中国区块链发展形势展望［J］.网络空间安全，2019，10（01）：31-35．

［28］黄海峰.边缘计算产业联盟成立影响几何［J］.通信世界，2016（33）：52-53．

［29］施巍松，孙辉，曹杰，等.边缘计算：万物互联时代新型计算模型［J］.计算机研究与发展，2017，54（05）：907-924．

［30］孙若培.人工智能技术及未来发展浅探［J］.科学技术创新，2019（12）：55-56．

［31］刘宸.智能治堵［J］.中国公路，2016（21）：78-80．

［32］孟莛.陈君石：多措并举推动国民营养提升［J］.中国卫生人才，2019（10）：42-45．

［33］李墨玮.房地产科技，融合与创新［J］.产城，2019（09）：62-63．

［34］夏杰长.现代服务业与农业深度融合发展的着力点［N］.经济参

考报，2015-07-20（008）.

［35］盛朝迅.应以新思路推进先进制造业和现代服务业融合发展［N］.中国经济时报，2018-12-21（005）.

［36］萧新桥.建设制造业强国推进经济高质量发展［J］.中国中小企业，2019（03）：19-22.

［37］王小刚，王建平，曾洪萍，等.四川省服务业与农业工业融合发展研究［J］.长江技术经济，2018，2（02）：12-18.

［38］夏杰长.以产业融合推动转型升级［N］.经济日报，2015-08-13（014）.

［39］李振福.先进制造业与现代服务业深度融合的机遇［J］.中国船检，2019（02）：41-43.

［40］夏杰长，肖宇，欧浦玲.服务业"降成本"的问题与对策建议［J］.企业经济，2019（01）：127-135.

［41］李侃桢.推动服务业高质量发展建设现代服务产业新体系［N］.新华日报，2018-12-18（017）.

［42］张永强，胡世伟.搭好舞台唱大戏——河南省国土开发中心着力服务全省经济社会发展［J］.资源导刊，2017（03）：22.

［43］孙飞.推动"三去一降一补"任务的重点与举措［N］.中国经济时报，2017-02-27（005）.

［44］姜长云.加快向服务业强国迈进［N］经济日报，2017-09-08（014）.

［45］孙飞，张占斌.提升民间资本投资应把握五大举措［N］.中国经济时报，2016-10-19（005）.

［46］郭志全，黄国宁，李韦.从品牌建设到产业集聚——阳和工业新区"全国知名品牌创建示范区"发展解析［J］.标准科学，2016（09）：48-51.